Hans E. Valentin · Brezen, Kletzen, Dampedei

Hans E. Valentin

Brezen, Kletzen, Dampedei

Brot im süddeutschen
und österreichischen Volksbrauchtum

Verlag Friedrich Pustet Regensburg

Umschlag (von links nach rechts)

Die sogenannten Klausenmännle sind als Nikolausgebäck weit verbreitet. Foto: Erika Groth-Schmachtenberger, Murnau

Ein beliebtes Weihnachtsgebäck in Oberbayern sind die Fatschenkindl. Foto: Wilfried Bahnmüller, Gelting

Herzgebäcke aus Marzipan stellt heute noch eine Bäckerei in München fürs Weihnachtsfest her. Foto: Erika Groth-Schmachtenberger, Murnau

Der Lebensbaum, älteste Form des Christbaumes, wird auch als Geschenk zum Geburtstag gebacken. Foto: Wilfried Bahnmüller, Gelting.

An Wotans Wilde Jagd erinnert dieses Südtiroler Allerseelengebäck. Foto: Wilfried Bahnmüller, Gelting.

CIP-Kurztitelaufnahme der Deutschen Bibliothek

Valentin, Hans E.
Brezen, Kletzen, Dampedei : Brot im süddt. u. österr. Volksbrauchtum. – 1. Aufl. – Regensburg : Pustet, 1978.
ISBN 3-7917-0553-9

ISBN 3-7917-0553-9

Gesamtherstellung: Friedrich Pustet, Regensburg
Printed in Germany 1978

Inhalt

Zum Geleit

In unserer Zeit geht fortlaufend und mit zunehmender Geschwindigkeit Brauchtum verloren. Dies gilt nicht zuletzt für Bräuche im Zusammenhang mit Brot und Gebäck. Das Deutsche Brotmuseum bemüht sich, einiges davon zu bewahren und begrüßt deshalb die vorliegende Arbeit von Hans E. Valentin über »Brezen, Kletzen, Dampedei« aufs Wärmste. Sie ist ein wertvoller Beitrag zur Brauchtumskunde der volkstümlichen Gebäcke und zeigt, wie eng Brot und Gebäck mit den Festen im Jahreslauf und im Lebenslauf der Menschen verbunden waren. Die Bedeutung der Brotnahrung für die Menschen bis in die jüngere Vergangenheit herein wird deutlich.
So wünscht das Deutsche Brotmuseum dem Buch weite Verbreitung und gute Aufnahme. Möge jedem Leser erneut klar werden, wie richtig die alte indische Weisheit ist

»Der guten Dinge bestes ist das Brot«

Ulm, Frühjahr 1978

DEUTSCHES BROTMUSEUM EV
GEGRÜNDET 1955

Dr. H. Eiselen

Vorbemerkung

Dieses Buch ist einerseits entstanden aus Liebe zum Brauchtum besonders meiner bayerischen Heimat, wo man noch ein ungebrochenes Verhältnis zum Althergebrachten haben kann, ohne dies gleich mit Konservatismus verwechseln zu müssen. Zum anderen aus Liebe zum Brot selbst, das nicht nur ein täglicher Bedarf, sondern ein täglicher Genuß ist.
Und dies sei gleich vorweg gesagt: Vollständigkeit wurde mit diesem Buch nicht angestrebt. Auch war es nicht meine Absicht, zu all den volkskundlichen Thesen Stellung zu nehmen, die Herkunft und Deutung der verschiedenen Brot- und Gebäckformen betreffen, zumal es ja kaum Quellen gibt und Beweise nur schwer, wenn überhaupt, zu führen sind. Es war mir vielmehr daran gelegen, einen Überblick zu geben von den wichtigsten, lebendigsten und auch originellsten Volksbräuchen im Jahres- und Lebenslauf, bei denen das Brot eine Rolle spielte und immer noch spielt.

München, Frühjahr 1978 — Hans E. Valentin

Zur Einführung

Geschichtliches

Die Geschichte des Brotes geht weit in die Vorzeit zurück, bis in die Jungsteinzeit, als der Mensch vom Jäger und Sammler zum Ackerbauern und Viehzüchter wurde. Aus dem Wildgras entwickelten sich frühe Getreidesorten durch Saatauslese und Kreuzungen. Die Körner wurden zwischen Steinen zerquetscht und mit Wasser zu Brei verarbeitet. Aus diesem Brei, der über einen Stein gestrichen trocknete oder in der Asche geröstet wurde, entstand das erste noch ungesäuerte Brot in Fladenform. Einmal erkaltet wurde es steinhart und lagerfähig. Solche Fladenbrote kannte man bei den süddeutschen Pfahlbauern so gut wie im alten Griechenland und bei den Assyrern. In den Alpenländern werden heute noch Fladenbrote auf Vorrat gebacken und auf Stangen vor Mäusen geschützt aufbewahrt, bis man sie vor Gebrauch mit dem Hammer zertrümmert und wieder zu Brei aufweicht.
Die wichtigsten Kornarten, die man kannte, waren Weizen und Gerste, in der Bronzezeit kam Hafer dazu, während der Roggen erst relativ spät im 7. Jahrhundert vor Christus erscheint. In der Stein- und Bronzezeit ist das Fladenbrot wohl nur Beikost gewesen, während es in der Eisenzeit Hauptnahrungsmittel wurde. Damals verstand man sich schon darauf, durch die Beimischung von Wildhonig das erste Süßgebäck herzustellen, das besonders im Winter wegen seines höheren Nährwertes geschätzt wurde. Das Brauchtum unserer Weihnachtsbäckerei kann also auf eine lange Tradition zurückblicken.
Die Erfindung des Backofens revolutionierte die Geschichte des Brotes, da er den Übergang vom Fladen zum Laib ermöglichte. Backöfen standen schon bei den Babyloniern, von denen sie die Ägypter übernahmen. Schon vor fast 5000 Jahren verstanden sie es, etwa 30 Brotsorten zu backen, wie aus den Wandmalereien des Alten Reiches abzulesen ist. Dem Pharao war reines Weizenbrot vorbehalten, und je weiter herunter es in der Hierarchie ging, desto gröber wurde das Mehl und desto härter die Fladen. Die Sklaven mußten schließlich Getreidebrei essen.
Erst seit der »Entdeckung« des Sauerteigs gibt es das Brot, wie wir es heute kennen. Seine Konsistenz verdankt er der Freisetzung von Kohlensäure durch Hefe, wodurch der Teig treibt. Den Kohlesäurebläschen wiederum verdankt der Teig die lockere

Krume. Durch die Hitze des Backens entweicht die Kohlensäure, die Hefe stirbt ab und das Brot erhält seinen charakteristischen säuerlichen Geschmack. Wann und wo der erste Sauerteig entstand, ist nicht mehr eindeutig festzustellen. Vermutlich kam man an verschiedenen Stellen zugleich auf diese Backart. Die Ägypter jedenfalls kannten bereits den Sauerteig und von ihnen übernahmen ihn die Juden. Große Fertigkeit im Backen aber entwickelten die Griechen. Wenn dort etwa um 600 v. Chr. Brot noch als Luxus galt, wurde Weizenbrot doch bald zur Nahrung der Oberschicht, während die Armen und die Sklaven sich mit Gerstenbrot begnügen mußten.
Die Griechen verstanden sich besonders auf das Würzen mit Honig, Käse und allerlei Ingredienzien. Von griechischen Bäckern lernten die Römer das Handwerk und machten ein gutes Geschäft daraus: sie entwickelten die ersten Großbäckereien und es gab etliche »Millionäre« unter den Bäckern. Die Backöfen dieser Großbetriebe waren zweistöckig, Back- und Feuerungsräume getrennt. Diese Backofenform hat sich bis in unsere Zeit erhalten. Den Bäckereien waren stets Mühlenbetriebe angeschlossen, der Bäcker heißt daher im lateinischen »pistor«, also Stampfer, Müller. Unser »Pfister« leitet sich davon ab.
Ebenfalls aus dem Lateinischen kommt übrigens auch unsere Bezeichnung für die Semmel als Gebäck aus feinem Weizenmehl, das bei den alten Römern »similia« hieß.
In Mitteleuropa kennen wir gewerbliche Bäckereien erst seit dem 8. Jahrhundert, seit den Zeiten Karls des Großen also, der selber gerne Weißbrot aß. Die Bäcker standen in hohen Ehren: das Gesetzbuch des Sachsenspiegels (1220 n. Chr.) hielt fest, daß jemand, der einen Bäcker erschlug, dreimal soviel Geldbuße zahlen mußte wie bei einem »normalen« Menschen. Aber unabhängig von der Bäckerzunft erhielt sich die Hausbäckerei bei uns bis zum Zweiten Weltkrieg, ja besonders in Schwaben und Franken finden sich Gemeindebacköfen, die noch heute in Betrieb sind.
Die Geschichte des Brotes kann nun unter zwei Blickpunkten gesehen werden. Da ist einmal der religiöse, rituelle, magische Aspekt, der aus dem mühsamen Prozeß vom Säen und Ernten bis zum Backen begreiflich wird. Der immer wiederkehrende Wechsel vom Keimen der Frucht in der Erde und dem Reifen der Saat machte das Brot als Endprodukt dieses Wirkens der Naturkräfte, in dem sich ja göttlicher Wille zeigt, zum Sinnbild der Erhaltung des Lebens. Ein wenig von dieser Rolle des Brotes über seine Bedeutung als Nahrungsmittel hinaus hängt mit dem germanischen Wort »Laib« zusammen, das in den englischen Wörtern »Lord« und »Lady« enthalten ist. Lord ist der »hlaford«, der Brotwart, Brotherr und Lady die »hlaefdige«, die Brotkneterin, Brotherrin.

Das Brot ist aber nicht nur eine besondere, eine Gottesgabe, sondern auch ein Grundnahrungsmittel, ja, nicht erst seit heute auch ein Wirtschaftsfaktor. Darin ist der zweite Aspekt zu sehen.
»Brot« war wohl ursprünglich nur die Bezeichnung für das gesäuerte Gebäck, es ist wortverwandt mit Gebräu und brauen, also auch gären. Es ist kein Zufall, daß die Entwicklung von Brot und Bier nahe beieinander liegt. Im alten Ägypten wurde aus dem gegorenen Mehlbrei das erste Bier und in unseren Klöstern wurde und wird nicht nur sehr gutes Bier gebraut, sondern auch gutes Brot gebacken. So sind insbesondere viele der Gebildbrote, von denen nun zu reden sein wird, durch Klosterbäckereien überliefert worden.

Gebildbrote

Gebildbrote sind, vereinfacht ausgedrückt, von Hand geformte, bildhafte Gebäcke in mancherlei Gestalt. Da bei ihrer Ausformung keine Hilfsmittel verwendet werden, zählen z. B. die Modelgebäcke, mit denen sie aber immer wieder verwechselt werden, nicht zu ihnen. Während die Geschichte der Gebildbrote wohl fast so alt ist, wie die des Fladenbrotes, sind die Modelgebäcke erst im 17. und 18. Jahrhundert in breiten Volksschichten gebräuchlich. Im Gegensatz zu den Gebildbroten nennt man Modelgebäcke »szenisches Gebäck«, da auf ihnen häufig ganze Szenen und nicht nur einzelne Gebilde dargestellt sind. Einige der Gebildbrote, besonders soweit sie heute noch gebacken werden, verdanken ihre Gestalt einerseits ohne Zweifel der Phantasie und Formfreude des Bäckers und der Hausfrau, andererseits jedoch hat ein großer Teil kultischen Ursprung. Ihre Deutung ist daher sehr schwierig, die Forscher kommen zu unterschiedlichen Ergebnissen. »Altmeister« Max Höfler sieht in den meisten Gebildbroten Ersatz für wirkliche Tier- und Menschenopfer, die den Göttern dargebracht wurden. Im Opferkult der Demeter, der man statt lebender Schweine auch Teiggebilde darbrachte, ist derartiges belegt. Durch Opfer will man sich die Götter günstig stimmen, oder auch die Totengeister, die mit Mehl, Getreide und Brot gespeist werden. Die Auslegung der figürlichen Gebäckformen als Ersatz für Tier- und Menschenopfer, sei es aus religiösen, ethischen oder wirtschaftlichen Motiven, ist im Prinzip wohl richtig, im Einzelfall aber schwierig nachzuweisen, da sich in der Tradition, der Weitergabe der Gebildbrotformen von Generationen zu Generationen nicht nur die Form, sondern auch die Sinngebung geändert hat.
Die Volkskunde ist heute geneigt, Höflers Thesen, Gebildbrote seien Ersatz für Tier-

und Menschenopfer, anzuzweifeln, ohne dafür allerdings eine andere endgültige Erklärung bieten zu können. Das ist auch bei der Schwierigkeit des Themas nicht leicht zu bewerkstelligen. Aber soviel läßt sich doch über Höflers ohne Zweifel überaus verdienstvolle und grundlegende Arbeit auf dem Gebiet des Brotbrauchtums sagen: Wenn seine Thesen auch heute zum großen Teil in Frage gestellt sind, so ist doch durch diese »Frag-Würdigkeit« erst seinen Nachfolgern die Möglichkeit gegeben, die Frage zu stellen und vielleicht eine andere Antwort zu finden. Die Hauptproblematik seiner Arbeit dürfte doch in der Ausschließlichkeit und Endgültigkeit seiner Aussagen liegen. Denn daß Gebildbrote auch ein Opferersatz sind, ist doch wohl unbestritten, aber eben nur »auch«. Daß bei Höfler dieses »auch« nicht zu finden ist, macht es nötig, seine Thesen nicht ungeprüft zu übernehmen. Es ist natürlich nur zu verständlich, daß für Höfler selbst seine Erklärungen keiner Frage bedurften. Er stellt seine Thesen mit dem Enthusiasmus des Entdeckers auf, der wenig erforschtes Neuland betritt. Sie aber von vornhinein abzulehnen, nur weil sie von Höfler sind, hieße wohl ins andere Extrem zu geraten.

Der Leser möge diese kleine Nebenbemerkung, die der Autor als Dilettant an den Volkskundler richtet, der vielleicht mit der Überlegenheit des »Profis« dies Büchlein betrachtet, verzeihen. Aber zurück zum Thema. Auf das vorchristliche Alter der Gebildbrote weist ein Brief des Papstes Pelagius I. (um 550) an Bischof Sapaundus in Arles hin, in welchem sie als heidnischer Unfug verdammt werden: »Wer aber wird, ich will nicht sagen für jene Mißstände, sondern für jenes Verbrechen Rechenschaft ablegen wollen, daß, wie wir hören, bei Euch – o welche Sünde! – die Herstellung eines Idols aus Semmelmehl geduldet wird und von diesem Idol dem gläubigen Volk, als ob man damit jedem einen Gefallen tun würde, Ohren, Augen, Hände und verschiedene Gliedmaßen verteilt werden.«

Bei diesem Brauch hat der einzelne durch communio an Kraft und am Segen der Kultspeise teil, was zu einem zweiten Aspekt der Gebildbrote führt. Denn sie sind nicht nur Sühne- und Dankopfer, sondern geben auch Segenswünschen der Gebenden bildhaften Ausdruck. Das Brot ist ja ein heiliger Gegenstand, ihm wohnt als letztem Produkt der Getreideernte konzentriert die ganze Kraft der Frucht inne. Aus dem letzten Teig, der aus dem Trog gescharrt wird, formte man eine unförmige Menschenfigur, den sogenannten »god«, in dem sich nach Küppers-Sonnenberg Heidnisches und Christliches vereint, da in diesem Teiggebilde wirklich Gott ist, symbolisch, wie in der letzten Garbe: »Allein schon die zur Ablösungstheorie mitgeteilten Bräuche legen es nahe, an einen kultisch-positiven Ursprung, an kultische Symbolik und nicht nur an Opfer zu denken. In dem verbackenen Teig befindet sich Gott. Ist diese Auffassung sehr weit von der christlichen entfernt, wonach im Sakrament des Abendmahls sich das Brot in den Leib Christi verwandelt und über den Genuß des Brotes die Gottheit in den Menschenleib aufgenommen wird?« Sicher nicht. Die Form des Gebäckes gibt dem Wunsch sichtbare Gestalt, in welcher Richtung sich die segenbringende Kraft des Brotes entwickeln soll, indem man zum Beispiel Patengebäcken für Buben Formen wie Pfeifen oder Revolver gibt, die phallische Symbole sind. Entsprechend sind viele Spaltgebäcke Vulvasymbole. Zu einem Spaltgebäck wird gerne der Wecken ausgeformt, ein keilförmiges Form- und Festbrot aus verschiedenen Mehlarten, vorzüglich aber aus Weizenmehl. Der Wecken hat verschiedene Namen (Keil, Nagel, Prügel), aber nicht alles, was Wecken heißt, ist auch einer. Meist ging der Name auf Weißbrotgebäck überhaupt über.

Zopfgebäck

Der Wecken wird durch einfache Kerbungen nicht nur zum Spaltgebäck, er kann auch durch zweifache Kerbung zum Kreuzgebäck werden und findet sich entsprechend häufig als Zeitbrot, wie zu Ostern, an Neujahr etc. Ebensogut finden wir ihn als ländliches Festgebäck bei Hochzeiten oder an Markttagen. Nach Höfler hat der Wecken als Fruchtbarkeitssymbol ebenso Bedeutung wie als Toten- oder Seelenbrot.

Wenn diese These auch noch vertretbar sein mag, so gilt dagegen Höflers Auslegung der Zopfgebäcke als Ersatz alter Haaropfer als fraglich, zumindest aber als überzogen, da er sie auf alle Zopfgebäcke anwendet. Der Zusammenhang des Flechtens und Knüpfens mit Zauberwirkung ist jedoch nicht zu übersehen, auch in bezug auf die uralte Brezenform, die die verschiedensten Interpretationen erfuhr. Als Flechtwerk, in dem sich Hexen und Dämonen wie in einer Schlinge verfangen, finden wir sie beispielsweise in romanischer Bauornamentik, wie an der Galluskirche in Brenz. Nach einer anderen Version entstand die Brezen aus einem heidnischen Ringgebäck, in das die Missionare ein Kreuz hineingebacken hätten. Besonders liebenswürdig-naiv ist die Vorstellung, die Brezen sei Christi Armfessel nachempfunden. Die lange im Schwange gewesene Ansicht, die sich auf Höfler stützte und die Brezen als Ersatz für die Armringe sah, die man den Toten mitgab, gilt heute als überholt, denn vieles spricht für Ecksteins Deutung der Brezen als antik-christliches Kultgebäck. Aus dem römischen Ringbrot entwickelte sich der Formenreichtum der Brezen. Weil sie aussieht wie zwei gekreuzte Arme, erhielt die Brezen, wie so viele Kultgebäcke durch die Klöster verbreitet, dort den Namen bracellum = Arm, woraus sich über das althochdeutsche precita das Wort Brezen entwickelte.

Auch der Krapfen ist durch die Klosterküchen zu uns gekommen, er stammt aus römischem Kolonistenbrauch der Zeit der Bacchanalien. Höfler, dem ich hier folgen möchte, deutet ihn als Herzgebäck. »Der Krapfen als relativ großes, rundes, einballi-

ges Hohlgebilde ohne inneren festen Kern, aber mit einer meist duftenden süßen inneren Farce, gleicht dem mit dem Seelendufte ausgestatteten, rundballigen, altrömischgriechischen Herzschema«. Der Volksglaube gibt der Deutung des Krapfens als Herzgebilde insoweit recht, als Hexen, die ja Menschenherzen essen, Krapfen zu Fleisch und Bier lieben. Der Krapfen, dessen wichtigstes Merkmal die Füllung ist, galt als klösterliche Fastenspeise, mit Spinat, Fisch etc. gefüllt und »erhielt sich besonders in der heiteren Frühlingszeit, beim Erntefest und bei Verlobungen« (Höfler). Es gibt ihn aber auch an alten Neujahrsterminen wie Weihnachten, Martini und Dreikönig. Nach Koren ist er sogar als Totengebäck üblich.
Nach dieser für das weitere Verständnis notwendigen kurzen Einführung in die Welt der Gebildbrote, darf ich jetzt den Leser einladen, mit mir gemeinsam den Spuren zu folgen, die das Brauchtum ums Brot hinterlassen hat.

Adam und Eva. Oberbayerisches Paradeiserl aus Lebkuchen.

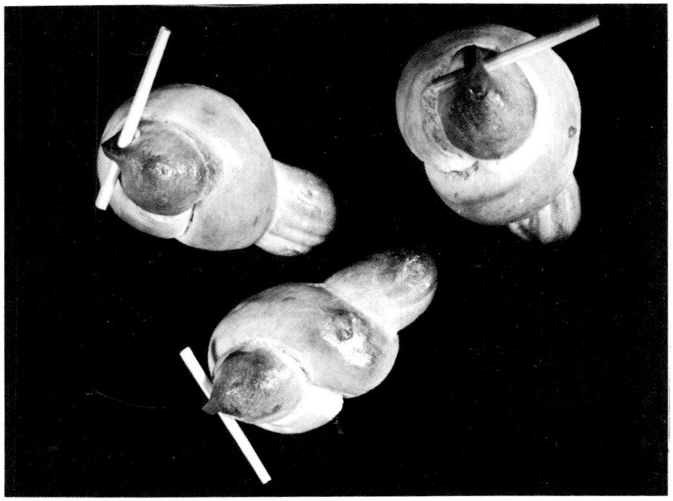

oben links: Im »Reiter«, hier ein Weihnachtsgebäck aus Stockhausen, hat Wotans Wilde Jagd Spuren hinterlassen.

oben rechts: Ulmer Spatzen

Die Weckpuppe oder der »Petterweck« aus Engelrod wurde dem Patenkind vom Paten zu Neujahr geschenkt.

Brotbrauchtum im Jahreslauf

Der Weihnachtsfestkreis von Andreas bis Dreikönig

Andreas

Beginnen wir den Jahreslauf mit dem Andreastag, dem 30. November, der am Anfang des Kirchenjahres steht (am ersten Sonntag nach dem 26. 11. beginnt die Adventszeit), und den daher eine Vielzahl von Neujahrsbräuchen prägt. So ist der Andreastag u. a. einer der wichtigsten Lostage für alle »Weiberleut«, die ihren Zukünftigen sehen wollen. In Kärnten kann z. B. das Mädchen ihren Bräutigam erscheinen lassen, indem sie einen Laib Brot und ein Messer auf den Tisch legt und nackt die Stube auskehrt. Um Mitternacht tritt ihr Galan ein, setzt sich an den Tisch und ißt von dem Brot.

Klöpfelnächte

Mit dem Andreastag beginnen aber auch die Klöpfelnächte, Anklopfete oder Bosselnächte, die ähnlich den Gstampa- und Berchtlnächten der Dreikönigszeit »Lärmumzüge zur Vertreibung der Winterunholde« (Geramb) mit sich bringen. Maskierte Burschen springen wie die Perchten über die winterlichen Felder und bringen Fruchtbarkeit. Sie klopfen lärmend an die Türen der Häuser, werfen Erbsen und Bohnen, die Fruchtbarkeitssymbole sind, und heischen mit Versen und Wechselgesprächen um Gaben, die in der Regel aus Kletzenbrot bestehen. Im Augsburgischen hießen die Klöpfelnächte »Knöpflinsnächte«, nicht etwa, weil der Name falsch verstanden wurde, sondern weil »Knöpfle«, eine Spätzleart, gekocht wurden. Die Klopfer verstellten meist ihre Stimmen, in Wasserburg brummten sie nur, um durch diese »Verfremdung« zu verdeutlichen, daß es ja Geister waren, die da anklopften und um Gaben baten, wie z. B. mit diesem Spruch:

Kletzenbrot

»Wir ziehen daher, spat in der Nacht,
Und wünsch ma dö Hausleut a gruahsame Nacht,
Mir wünsch ma an Bauan an goldenen Wagn,
Daß er mit der Bäurin in Himmi kon fahrn.
Mir wünsch ma da Bäurin vui tausadmoi Glück,
Daß eam koa Hendl koa Haxn obricht.
Mir wünsch ma an Roßknecht vui tausadmoi Glück,
Daß eam koa Roß am Howan dastickt.
Mir wünsch ma an Untaknecht vui tausadmoi Glück,

Daß eam beim Nachtgeh koa Loata zammbricht.
Mir wünsch ma da Dirn a goldene Wiagn,
Und an kloan Buam soll's a dazua kriagn.
Mir wünschn da Untadirn vui tausadmoi Glück,
Daß ihr beim Abspuiln koa Haferl net bricht.
Mir stengan scho lang aufn eiskalten Stoa
Hätt ma a Sackl zon Kletzn neitoa.
A Sackerl voll Kletzn und a Schüssel voll Birn,
Daß mir auf Weihnachten a Kletznbrot kriang.«

Weniger höflich ist dieser ältere Klopferspruch:

»Kletzn raus', Kletzn raus,
oder mir schlagn a Loch ins Haus.
Wollt's uns nix gebn,
tean ma an Zaun umlegn,
d' Henna daschlagn
und an Gockl no vajagn.«

Aus Nördlingen wird berichtet, im »Anklopfet« tausche die Dienerschaft mit der Herrschaft die Rollen und lasse sich von dieser bei Tisch bedienen, ein Brauch, der an die römischen Saturnalien anknüpft. An die Fremden verteilte man in Nördlingen Lebkuchen und andere Geschenke. »Eine gute Zeit für die Armen, aber für die Reichen geldsplitterlich«, notiert 1766 ein Chronist. **Lebkuchen**

Ein sehr seltsamer Klöpferspruch aus dem Mühlviertel sei seiner Ausgefallenheit wegen zitiert: »Heut ist Rauhnacht, / wer hats denn aufgebracht? / A stoaalter Mann, / Hat a graue Hosn an, / Is üwas Stiegel aufikrochen / Hat sie d'Hand und Füass abrochen 9 / die Krapfen raus, / Sonst stich i a Loch ins Haus.« Mit dem alten Mann ist merkwürdigerweise Judas gemeint, dessen Rolle in diesem Zusammenhang allerdings unklar ist. Christlich unterlegt wurde das Anklopfen in der Gegenreformation, als man es mit der adventlichen Verkündigung der Geburt Christi und dann auch mit dem Anklopfen des Herberge suchenden heiligen Paares in Verbindung brachte. Die christlichen Lieder dieses nun auch kirchlichen Brauches konnten den nächtlichen Umtrieben nicht ihre heidnische Färbung nehmen, denn das Besänftigen der Geister durch Opfergaben blieb das eigentliche Anliegen dieser Umzüge.

Nikolaus In manchen Gegenden galt der Nikolaustag mehr als Weihnachten. Seit jeher ist er der Tag gewesen, an dem die Kinder belohnt oder bestraft wurden. Ein Indiz für die Verbreitung des Nikolausbrauchtums sind die vielen Namen, die der Heilige trägt: Nikolo, Seneklas, Pelzmärtel oder Wubartl, Leutfresser, Krampus, Klaubauf.
Vom »Beas Seneklas«, vom »Wau-Wau« oder der »schiachen Percht« werden die Kinder bestraft. Das in Tirol übliche Krampuslaufen ist nichts anderes, als ein Perchtenumzug. Der Nikolaustag hebt sich so schon im Äußeren von der stillen Advents- und vorweihnachtlichen Fastenzeit ab, deren Besinnlichkeit im Adventssingen Ausdruck findet. Bei Darstellungen des Heiligen vom 16. Jahrhundert an findet sich unter den Attributen das Brot, was ihn als Patron der Bäcker und Getreidehändler kennzeichnet. Zurückzuführen ist dies auf die Legende, daß der hl. Nikolaus die Stadt Myra vor einer Hungersnot bewahrt habe.

Klausenbrot Die Klausenbrote sind außerordentlich zahlreich und weit verbreitet. Es gibt sie als »Klausenmännle« und »Klausenweible«, geformt als Schnecken, Fische, Vögel, Hirsche und Hasen. Zum Teil sind sie mythologisch zu erklären, wie ein Nikolausgebäck, das aus dem Allgäu gemeldet wird: eine Frau mit drei Paar Brüsten als Abbild der Mutter Erde, des Inbegriffs der Fruchtbarkeit. Im Allgäu kennt man die üblichen Nikolauslebkuchen mit einer Hahnenfeder geschmückt. Nikolausmänner hat man auch im Bayerischen Wald gebacken, dort gibt es am 6. Dezember aber ebenso Schmalzgebackenes und Armenbrot. Vom Nikolausbrot als Geschenk an die Armen berichtet schon die Chronik des Klosters Frauenchiemsee von 1560: »Erstlichen an sanct Niclastag oder am Sonntag davor gibt man bei S. Niclaskirchen einem jeden Menschen ein Laibl prot, darzue pacht man ain ofen vol prot.«

Springerle Ein noch heute weit verbreitetes Nikolaus- und Weihnachtsgebäck ist das »Springerle«, dessen Name Anlaß zu manchen Spekulationen gibt. Da das Springerle sehr häufig Reitersmänner und Pferde darstellt, leitet Höfler den Namen vom Pferd des Wotan ab, auf dem dieser in der kalten Jahreszeit die »wilde Jagd« anführt. Obwohl, wie wir noch sehen werden, die wilde Jagd im Brotbrauchtum mehrfach Spuren hinterläßt, ist die Volkskunde neuerdings geneigt, den Namen von der Backart herzuleiten. Das Springerle ist ja ein Modelgebäck mit regional sehr verschiedenen Namen wie »Bamberger Marzipan«, »Bayerisches Bauernmarzipan«, »Nürnberger Eierzucker«, »Anis-Brot«. Von Hahn wurde aus alten Unterlagen folgendes Grundrezept zusammengestellt: »Die Herstellung erfolgt aus einem feinen Eier-Zucker-Mehl-Teig, oft mit Anis gewürzt oder auf mit Anis bestreuten Blechen gebacken, mit Modeln, rund, quadratisch, rechteckig, langrund oder rautenförmig, in mundgerechten Stücken oder in größeren, verschiedenartig gestalteten Figuren geprägt, nach längerem Trocknen der Formlinge bei mäßiger Hitze gebacken, wodurch die Prägung der Oberfläche vollkommen erhalten und die Farbe porzellanartig weiß bleibt, während sich das Unterteil als charakteristisches Füßchen ausbildet, wodurch der Eindruck entsteht, als ob es sich um zwei übereinandergesetzte Gebäckstückchen handelt. Dieses Springerle, das untrügliche Qualitätsmerkmal, gab dieser Ware den Namen.«

Wenn diese Lesart auch durchaus schlüssig erscheint, möchte ich hier doch eher Höfler folgen, denn die Namensgebung des Springerle von der Backart her erklärt nicht, warum es ausgerechnet ein Gebäck der Weihnachtszeit ist. Wenn der Reiter später in modischer Attitüde als fescher Kavalier und als Dragoner abgebildet ist, kann das kein Gegenbeweis dafür sein, daß hier nicht die wilde Jagd ihre Spuren hinterlassen hat. Das weibliche Pendant zum Kavalier auf dem Springerle, die feine Dame, die bisweilen mit Spinnrad abgebildet wird, könnte sogar ein Hinweis auf die Spinnerin Percht sein, womit Höflers These zu erhärten wäre.

Spekulatius

Im Süddeutschen weit weniger im Brauchtum verankert ist der »Spekulatius«. Da er aber vom Nikolaustag und der Weihnachtszeit heute nicht mehr wegzudenken ist, soll er hier trotzdem erwähnt werden, besonders da er in seiner Darstellung vom Reitersmann bis zur Eisenbahn zeitbezogen und modern ist wie kaum ein anderes Gebäck. Der Spekulatius ist eigentlich ein holländisch-rheinisches Backwerk, das es bereits im 18. Jahrhundert gab. Meist trug er das Bild des Heiligen, es gab aber auch, sogar in Österreich, Tierdarstellungen, die keine Beziehung zum Nikolaus erkennen ließen. Der Name Spekulatius läßt verschiedene Auslegungen zu. Die gebräuchlichste steht eben mit dem Nikolaustag in Verbindung. Denn Nikolaus, der Bischof von Myra, ist einmal der Kirchenobere, der seinen Amtsbereich kontrolliert und beobachtet, zum anderen der Kinderbischof, der nach den guten und bösen Kindern durch die Fenster ausspäht, um festzustellen, ob sie nun Lohn oder Strafe verdienen. In beiden Fällen wird er als »episcopus speculator« apostrophiert, als Speculator = Späher also, wovon sich das Wort Spekulatius abgeleitet haben könnte. Eine völlig andere Auslegung ist mit Fincke diese: er kombiniert, indem er auf das rheinische Herkunftsgebiet des Spekulatius zurückgreift, zwei holländische Gebäcke und deren Namen. Da ist zunächst ein Back-Bildwerk, das bunt bemalt als Tafelschmuck diente. Da es ein Modelgebäck war, das also spiegelbildlich die Modelform wiedergab, hieß es Speculum = Spiegel. Daneben taucht die flämische Süßwarenbezeichnung »Spek« auf, die mit der volkstümlichen Kurzform von Nikolaus, Klaas, den Spek-Klaas als Süßigkeit zum Nikolaustag ergibt. Beide Namen, Speculum oder Speculatie und Spek-Klaas, waren ähnlich genug, um daraus »gleichwertige Namen ... werden zu lassen.« (Fincke)

Lucia Der an Brauchtum reiche Lucientag (13. Dezember) galt bis zur Gregorianischen Kalenderreform 1582 als Mittwintertag, in Schlesien begannen bereits die Rauhnächte. Er ist ein Tag des Wetterorakels, es gibt den Lucienweizen und das schwedische Lussibrot. Lucia ist zur Percht in Beziehung zu bringen, wie diese existiert sie in zweierlei Gestalt, als Lichterfrau und als »schiache Percht«. Als solche flößt sie den Kindern Furcht ein: »D' Luz geht um«, heißt der Schreckensruf. Man versucht sie mit einer Nudel zu besänftigen, die man in einem Milchweitling vors Haus stellt. Es mag sein, daß die Gleichsetzung der Lucia mit der Percht und damit die Verbindung zur wilden **Luciabrot** Jagd und deren Geisterhunden der Grund ist, daß in der Steiermark das Luciabrot, der »Luziafleck«, als Heilsbrot gegen den Biß toller Hunde gilt.

Auf den 21. Dezember, dessen Nacht die längste des Jahres ist, legte die kath. Kirche bewußt das Fest des Apostels Thomas. Bekanntlich harrte er ja am längsten in der **Rauhnächte** Nacht des Unglaubens. Mit dem Thomastag oder »Damerltag« beginnen die Rauh- **Zwölften** nächte, deren Höhepunkt die »Zwölften« sind, die Zeit zwischen den Jahren, die der Toten- und Geisterumzüge und die Zeit, in der die wilde Jagd umgeht. Als Zwölften bezeichnet man die Tage vom Thomastag bis Silvester, oder aber auch von Weihnachten bis Dreikönig. An diesen Tagen sind bestimmte Arbeiten verboten, darunter auch das Backen.

Der Name Rauh- oder Rauchnächte erinnert an das Ausräuchern des Hauses, das in dieser Zeitspanne stattfindet, aber eigentlich sind es die Nächte der Wilden, der Haarigen (Rauhwerk = Pelzwerk), der Nachtgeister. Ursprünglich gab es nur vier Rauhnächte: Thomastag, Weihnachten, Neujahr und Dreikönig, alles alte Neujahrstermine. Die Neujahrsnacht war immer eine Geisternacht, in der die Seelen der Abgeschiedenen zu den Lebenden kommen und ihr Opfer verlangen. Die »wuilde Gjaid« treibt ihr Unwesen und die Percht braust mit den Seelen der verstorbenen Kinder im Wind durch die Lüfte. Im Volksglauben wohnen im Wind die Seelen. Man kann sich heute wohl nur schwer vorstellen, welche Furcht vor Dämonen die nächtlichen Winterstürme verursachen konnten, als die dunkle Stube nur vom Kienspan oder der Kerze mangelhaft erleuchtet war. Man stellte sich den Wind als Mann vor, der Weib und Kinder hat. Die Windkinder haben Hunger, sie heulen und müssen gefüttert werden. In der Oberpfalz wirft man ihnen daher drei Hände voll Mehl in die Luft und ruft: »Wind und Windin, hier geb ich dir das deine, laß du mir das meine!« Dieses **Elementefüttern** Elementefüttern findet fast ausschließlich in der Weihnachtszeit statt. Neben Mehl und Salz wird in erster Linie das »Zsammgscherrat« verwendet, die zusammengekratzten Teigreste aus dem Backtrog, denen im Volksglauben besondere Kraft innewohnt, wie auch der letzten Garbe oder dem letzten Brot im Ofen. Die aus diesen

Resten gebackenen Windbrote werden das Jahr über aufbewahrt. Bei Sturm werden jeweils drei Brocken davon auf den Zaun gelegt oder auf den Ast eines Obstbaumes; man vergräbt sie aber auch unter der Dachtraufe. In Schwaben findet sich der Brauch, dem Wind Mehl auf das Dach zu streuen oder schwarzes Mus für die Windhunde zur Dachluke hinauszureichen. In Kärnten stellt man eine Schale mit verschiedenen Speisen auf einen Baum vor das Haus, bisweilen wird ein Gemisch von Mehl und Salz in den Wind gestreut. All das sind Besänftigungsopfer für die Seelen und Geister, mit denen das Anwesen vor Windschaden bewahrt werden soll.

Windbrote

Ein genauso unruhiges Element wie der Wind ist das Feuer, ebenfalls Aufenthaltsort der Seelen. Auch das Feuer wird durch Füttern besänftigt. Von einem großen, eigens für diesen Zweck gebackenen Laib wird zu Ostern, Pfingsten und zu Weihnachten je ein Teil ins Herdfeuer geworfen. Der Herd ist der Sitz der Hausgeister, in verschiedenen Kulturperioden wurde er sogar über den Gräbern der Toten errichtet. Feuer bekämpft man, indem man das erste Brot, das beim Backen in den Ofen geschoben wurde, hineinwirft. Wenn der Wind das Feuer anfacht, wird es noch gefährlicher. Man muß ihn deshalb abwenden, indem man die Brotschüssel mit der Rückseite vor das Feuer hält oder ein Brot hineinwirft. Dann aber gilt es, schnell davonzulaufen, sonst folgt einem das Feuer nach.

Brotopfer fürs Feuer

Das Verbrennen von Brot zusammen mit der ersten Garbe schützt auch die Felder vor dem Bilwisschnitter, jenem Dämon, der mit Sicheln an den Füßen durch das reife Korn läuft und den Halm durchschneidet. In Kärnten wird das Feuer nicht nur mit Brot, sondern zusätzlich mit Speck und Schmalz gefüttert.

Man kann sich auch vor Wassernot schützen, indem man ein Brot in die Hauslache oder in ein rinnendes Gewässer wirft. Allerdings muß man dabei unbeobachtet sein, sonst ertrinkt im kommenden Jahr ein Hausgenosse. Nach Burgstaller sind die Wasseropfer vermutlich einmal Menschenopfer gewesen, die den Flußgottheiten und Vegetationsdämonen zukamen. Es ist überliefert, daß man Flüssen, etwa vor dem Überqueren, Menschen opferte. Manche Brotopfer sind dafür vielleicht nur Ersatz.

Wasseropfer

Aus dem Burgenland ist der »Hausvater« überliefert, ein Weißbrot in Menschengestalt, oft ein reich verziertes Wickelkind, das auch »Christkindlbeugl« heißt. Vor dem Gang zur Christmette wird dem Gebäck vom Familienvater der Kopf abgeschnitten und in den Brunnen oder den See geworfen, um die Wassergeister zu besänftigen. Den Rest des Brotes verzehrt die Familie gemeinsam. Für diesen seltsamen Brauch, von dem Burgstaller berichtet, hat er folgende Deutung: »Der Name des Gebäckes und das mit ihm verbundene Brauchtum kann kaum anders verstanden werden, als daß in diesem Hausvater sich gewissermaßen der Stammvater der Familie repräsentiert, der

Hausvater

Der Bilwisschnitter, ein Korndämon, durchschneidet mit Sicheln an den Füßen das Korn.

alle Jahre wieder als Kind neu geboren wird und sich in seiner nie versagenden Segenskraft den Nachkommen in einer Art von Kommunion durchgeführten Mahle kundgibt, bei dem er leibhaft oder symbolisch in alle eingeht.« Die Fatschenkindl, die man heute noch gerne zu Weihnachten bäckt, sind natürlich nicht mit dem »Hausvater« gleichzusetzen, sie sind dem Kind in der Krippe nachempfunden und Ausdruck der Phantasie und Gestaltungsfreude der Bäcker.

Weihnachtstage

Die vorweihnachtliche Adventszeit findet mit dem letzten Rorateamt am heiligen Abend ihr Ende. Es hat seinen Namen vom feierlichen Beginn der Adventsämter: »Rorate coeli ...« Mit den Bräuchen der Weihnachtszeit, der gesamten Zeitspanne von Nikolaus bis Dreikönig, sind zweierlei Dinge verknüpft. Es ist, wie gesagt, die Zeit zwischen den Jahren, die den alten Mittwinterfesten entspricht. Wir begegnen sowohl den Bräuchen, die mit den umgehenden Seelen zu tun haben, als auch denen, die auf Fruchtbarkeit im neuen Jahr abzielen. Daher sind hier einige Riten anzutreffen, die ebenfalls in der Erntezeit vorkommen.

Der 24. Dezember bringt im Brotbrauchtum einen Einschnitt, der sich in der alpenländischen Bauernregel ausdrückt: »Rauhnacht san vier, zwoa foast und zwoa dürr.«

Die beiden dürren Rauhnächte sind die »Milchsuppenrauhnacht« des Thomastages und die »Kletzenbrotrauhnacht« des heiligen Abends, die beiden »foasten« die »Bratlrauhnacht« an Silvester und die »Krapfenrauhnacht« an Dreikönig. Burgstaller stellt fest: ». . . der mitternächtliche Mettengang am 24. Dezember scheidet mit scharfer Zäsur die vor ihm liegende, durch die Adventsfasten dürre Zeit der kargen Kost mit Vermeidung von Fleisch-, oft auch Fett- und Milchspeisen, von der mit dem Mettenmahl eröffneten Zeit der fetten, reichhaltigen Mähler . . .« Am Thomastag geht aber nicht nur der »Sautod« um, es beginnen auch die Vorbereitungen für das Backen von Kletzen- und Störibrot.

Kletzenbrot

Das Kletzenbrot (im Allgäu Birnzelten geheißen) ist ein Fruchtbarkeitsbrot, denn Birnen, auch wenn sie gedörrt sind – Hutzeln nennt man sie dann in Schwaben – sind ein uraltes Fruchtbarkeitsmittel. Der Allgäuer Birnzelten heißt auch »Singat«, denn er ist eine Gabe für die Weihnachts- und Neujahrsinger. In Altbayern und Österreich hat man das Kletzenbrot oft geräuchert, denn erst nach der Ausräucherung der Seelengeister war es für die Lebenden genießbar. Im Innviertel begegnet das Mädchen ihrem Zukünftigen, wenn sie in einer Rauhnacht mit einem Kletzenbrot, in dem ein Messer steckt, ums Haus geht. Vom Kletzenbrot als »Liebesbrot« werden wir noch am Stephanstag zu reden haben.

Störibrot

Eine besondere Bewandtnis hat es mit dem österreichischen Störibrot, dessen Name nicht eindeutig zu entschlüsseln ist. Burgstaller leitet ihn vom mundartlichen »Stieri« oder »Stere« her, was Kraft und Stärke bedeutet. Das könnte schon zutreffen, denn das Störibrot gilt als Heilbrot. Wer von sieben, neun oder zwölf verschiedenen Störibroten ißt, bleibt angeblich das ganze Jahr gesund. Es hilft gegen Zahnweh, gegen Gicht und gegen Kreuzschmerzen bei der Erntearbeit. Wie das Kletzenbrot dient es zur Besiegelung von Heiratsversprechen, wird beim Elementefüttern verwendet und an Allerseelen an die Armen verschenkt.

Lebkuchen

Während man also mit dem Backen von Kletzen- und Störibrot erst am Thomastag begann, muß man mit dem Lebkuchenbacken schon einige Wochen vor Weihnachten anfangen, da er ja längere Zeit liegen muß, bevor er weich und schmackhaft ist. Ob der Lebkuchen seinen Namen vom lat. »libum« = Fladen hat, oder von »Laib« ist nicht eindeutig geklärt. Aber ob Lebkuchen oder Zelten, es ist stets ein flacher Kuchen, dessen wichtigste Bestandteile neben den üblichen Backzutaten Honig und Gewürze sind. Lebkuchen sind besonders gerne mit Modeln geformt worden, weshalb Weihnachten auch die hohe Zeit der Modelstecher war.

Dampedei und Hohwölfle

Weihnachts- und Neujahrsbrote besonderer Art sind »Dampedei« und »Hohwölfle«. Der Dampedei ist ein Gebildbrot in Menschenform und in Baden-Württemberg und

Eine bäuerliche Arbeit aus Oberbayern ist dieser Lebensbaum aus Lebkuchenteig.

Altes Marzipan-Model, wie sie
für Springerle verwendet werden.

29

Mit solchen Lebkuchen-Modeln wie diesem aus dem 18. Jh. wurde Zeilengebäck, ein Sippenbrot also, geformt.

Da der hl. Nikolaus auch Patron der Seefahrer ist, finden sich heute noch Nikolausgebäcke mit dem Nikolausschifflein.

der Pfalz bekannt. Ein »Damp« ist ein täppischer Mensch und die Vorsilbe »Dei« hat mit dem Gedeihen zu tun. Ursprung und Zweck dieses Brotes sind jedoch unklar. Das Hohwölfle gilt in Südbaden als Talisman, der das ganze Jahr aufgehoben wird. Er gehört aber in erster Linie in die Neujahrsnacht und wird uns dort noch einmal beschäftigen.
Der Christstollen spielt in Altbayern unter den Weihnachtsgebäcken kaum eine Rolle. Hier war der Weihnachtsstriezel daheim, ein länglicher Hefewecken, der meist zu einem dreiteiligen Zopf geflochten und mit Früchten verziert wurde.

Stephan

An Weihnachten hatte der Bursch sein Mädchen gefragt: »Derf i na bei dir mei Kletzenbrot hol'n?« Wenn sie ja gesagt hatte, konnte er beim Anschneiden des Brotes sehen, ob er bei ihr Chancen hatte. War der Anschnitt rauh oder gar »g'ringelt«, d. h. daß ein Draht eingebacken worden war und das Brot beim Anschneiden auseinander fiel, dann hatte er sich eine Absage geholt. Gab er aber umgekehrt dem Mädchen einen Korb und holte das Kletzenbrot nicht ab, dann war er für sie »erledigt«, der Zelten war »auf d' Lattn« gelegt. Waren die beiden sich jedoch einig und sie mit seiner Bewerbung einverstanden, so konnte er das am glatten Anschnitt erkennen. Am Stephanstag, nun, dem 26. Dezember, führte er sie, zumindest im Berchtesgadener Land, wo der Stephanstag ein »Menschertag« war, an dem die Dienstboten Ausgang hatten, zum ersten Mal öffentlich aus.

Stephansbrot

Im ganzen Alpengebiet aber und auch im Norden ist der Stephanstag ein Sippenfest, an dem sich Freunde und Verwandte zum Schmaus treffen. Das war natürlich willkommener Anlaß, unauffällig auf Brautschau zu gehen. In Tirol trug der Bursch seinem Gspusi das Kletzenbrot nach, wenn sie die Eltern oder die Verwandtschaft besuchte und zeigte damit sein Interesse an ihr. Die Verbindung wurde sozusagen öffentlich bekannt gemacht.
Früher gab es in Böhmen am Stephanstag hufeisenförmige Brote, die zum Segen der Pferde an die Armen und an die Stallknechte verteilt wurden. Hier lag aber sicher eine Verwechslung Stephans, des Märtyrers der Urkirche, dessen Gedenktag der 26. 12. ist, mit dem Pferdepatron Stephan, dem König von Ungarn vor, der am 16. 8. geehrt wird.

Kindeltag

Einen eigenen Brauch hat der 28. Dezember, der Tag der unschuldigen Kinder, die von Herodes getötet wurden. Im Augsburger Jahreinmal von 1764 heißt es:

»Und an dem lieben Kindleintag
Geht heftig an der Jungfern Plag,

Am Kindeltag wird gepfeffert, gefitzelt oder aufgekindelt. Die Burschen bekommen Schnaps, Lebkuchen und Kletzenbrot.

Denn um Lebzelten sie zu hauen
Viel junge Pursch sich lassen schauen.«

Pfeffern

Am Kindeltag wird gepfeffert und gefitzelt, in Kärnten nennt man es aufkindeln. Die jungen Burschen ziehen umher und schlagen die Mädchen mit langen Ruten, bis sie von ihnen Lebkuchen, Kletzenbrot und Schnaps bekommen. Verschiedene der dabei gerufenen Pfeffersprüche sind überliefert, aus der Oberpfalz z. B. dieser:

»Pfeffa, pfeffa, krone,
ich pfeffa nur um Lohne,
Lebkuchen, Speckkuchen, Bier und Branntwein
soll mein Lohn sein«.

Oder ein älterer Spruch aus Franken:

»Frischa frischa gruna
sollt mer alsig lona
Pfeffernüß und Brondaweiy
und an ganzen Dohler dreiy
getmer olsog müt.«

Oft heißt es auch kurz und bündig: »Ist der Lebzelten raß?« Allgäuer Pfeffersprüche heißen: »Kitz, kotz, Käs, der Lözelt ist räß« oder »Süeß Kindle, d' Lözelt ist räß« oder »Weib, gib mer an Lözelte raus, oder i schlag d'r a Loch i's Haus.«
Das Pfeffern soll allgemein Segen bringen, wie einem Spruch aus Kärnten zu entnehmen ist:

»Frisch und gsund, frisch und gsund,
freudenreich, lang leben, nit sterben,
glückseligs neugs Jahr auslebn!
Roggen sollt Vierling geben und der Woaz a,
der Haber sollt zottat sei und die Kuah schwar.«

Bisnerstriezel

In Kärnten heißt man diesen Brauch auch »Bisnen«, und das Brot, das als Lohn gegeben wird, ist der Bisnerstriezel, der im Aussehen ganz dem Allerheiligenstriezel gleicht.
Das Pfeffern ist ein Fruchtbarkeitssegen, ein Frisch- und Gesundschlagen mit der Lebensrute. Die Lebenskraft der schlummernden Knospe in der Rute soll auf den Berührten übergehen. Im Fruchtbarkeitswunsch begründet ist wohl auch, daß Lebkuchen, Pfefferkuchen und Striezel bei diesem Brauch eine Rolle spielen. Denn die Gewürze dieser Gebäcke wie z. B. Honig und Pfeffer sind ja bekanntlich Aphrodisiaka. Näher liegt aber noch eine andere Möglichkeit: Wir sind immer noch in der Zeit der Rauhnächte, die Seelen gehen um, die wilde Jagd und die Percht treiben ihr Unwesen. Die Percht als Seelenführerin und Totendämonin hat nicht nur über die verstorbenen Kinder Gewalt, sondern auch über die ungeborenen. Dem Brot zur Besänftigung der Seelengeister mit der Bitte um Fruchtbarkeit für die Felder sind wir schon begegnet. Die Tatsache, daß der Kärntner »Bisnerstriezel« nun dem Allerheiligenstriezel gleicht, der eine typische Totenspende ist, legt die Vermutung nahe, bei den Gebäcken beim Aufkindeln ebenfalls an die Seelen der Verstorbenen zu denken, die nun auch um leiblichen Segen gebeten werden.

Neujahr

Zum Brauchtumsverständnis ist es wichtig zu wissen, daß der Jahresanfang früher verschiedene Daten hatte. Bis zur endgültigen Festlegung des 1. Januar als allgemeinen Neujahrstermin durch den Gregorianischen Kalender, kannte das christliche Abendland mehrere Jahresanfänge. So z. B. (nach altrömischem Gebrauch) den 1. März und den 1. Januar, den 6. Januar, den 25. Dezember (Weihnachten), den 25. März (Mariä Verkündigung) und schließlich Ostern. Es ist daher nicht verwunderlich, wenn sich diese verschiedenen Neujahrstermine noch immer im Volksleben und Volksbrauch widerspiegeln.
Für unser Brotbrauchtum ist die Neujahrsnacht als Geisternacht wichtig. Wotans wildes Heer zieht umher, die Toten gehen um und wie in der Allerseelennacht kommen

Neujahrsbrote

die Geister der Verstorbenen zu den Lebenden. Daß die Brotspenden für die Toten gleichzeitig Dämonenbesänftigung und Fruchtbarkeitsbitte sind, haben wir schon dargelegt. Die Geister, die in der Neujahrsnacht ihr Wesen treiben, sind in Süddeutschland Wotan und die Percht, in Österreich auch der Teufel und seine Frau. Vor den Hunden Wotans muß man die Tür zuhalten, denn sie fallen mit Vorliebe in die Backkammer ein und fressen den Teig. Im Steigerwald bäckt man dem Wotan und seinen Geisterhunden einen »Hauswolf«, der aber ebensowenig wie das vergleichbare badische »Hohwölfle« die Form eines Hundes oder Wolfes haben muß. Bei Hausbrand wirft man den Hauswolf ins Herdfeuer, das im Volksglauben mancher Gegenden Süddeutschlands der Lieblingsplatz der Seelenhunde ist. Von den bambergischen »Neujahrshündlin« helfen zwei aneinandergebacken ebenfalls gegen Feuersnot. Beliebter aber sind sie als Schmankerl in süßer Kletzenbrühe.

Hauswolf

Die Neujahrsnacht ist aber auch Losnacht, in der man die Zukunft sehen kann, wie man es ja heute noch beim Bleigießen versucht. An Neujahr läßt sich durch »Pipen« sogar der Tod vorhersehen: Bäckt man im neuen Jahr das erste Brot, so formt man aus dem Teig so viele kleine Kuchen, als Personen im Hause leben. Jeder Kuchen erhält den Namen dessen, der mit dem Finger ein kleines Loch in den Teig »pipt«. Wer im folgenden Jahr sterben wird, in dessen Brot backt sich die Grube aus. Dieser süddeutsche Brauch findet sich mit Variationen auch an anderen Lostagen.

»Pipen«

Das Scherzel des Neujahrsbrotes wird aufgehoben und mit dem Wunsch nach Fruchtbarkeit des Feldes beim ersten Pflügen im Frühjahr untergepflügt.

Da die Seelen, die ins Haus kommen, die der eigenen Vorfahren sind, ist es auch die Sippe, die ein Opfer bringen muß. Dazu kann aber nur im Haus gebackenes Brot verwendet werden. Sogar das Vieh bekam davon in der Neujahrsnacht, damit es am Segen teilhabe. Für gewöhnlich wird das »Sippenbrot« als Zeilenbrot gebacken, so daß es durch Querrippen leicht in mundgerechte Stücke zu brechen war. Man hat aber oft auch gleich kleine Brote in entsprechender Größe gebacken, die dann eben ein Mundvoll waren, oder ein »Mümpfel«, wie es im Badischen heißt. Diese Brote hatten auch den Namen »Bisserl« oder »Busserl«, aus lat. bucella. In den Coburger »Schmätzle« haben wir heute noch solch einen Seelenmahlanteil, der zur Neujahrsgabe wurde und jetzt ein Mitbringsel für Kinder ist. Im Schwäbischen verzehrten Mann und Frau als Häupter der Sippe einen Lebkuchen zusammen.

Sippenbrot

Dem Lebkuchen kommt an Neujahr eine besondere Bedeutung zu, wahrscheinlich wiederum wegen seines Gehalts an Honig, der ja auch Dämonen vertreibt. In der Oberpfalz z. B. erhielten Kinder und Dienstboten Lebkuchen als Neujahrsgabe. Die Nonnen von Frauenchiemsee hatten noch im Mittelalter einen überdimensionalen Lebkuchen nach Schloß Hohenaschau zu senden. Einen Riesenlebkuchen in Form des

Lebkuchen

»Kampl« aus Cham in Niederbayern

Chamer Stadtwappens, dem Chamer Kampl (= Kamm), hatte früher auch der Magistrat der Stadt als Zeichen der Freundschaft zu Neujahr nach Nürnberg geschenkt. Kinder, die ja, wie wir bei Allerseelen noch sehen werden, ebenso wie die Armen in Volksglauben und Brauchtum als Vertreter der Toten, der Seelen, gelten, kamen in der Kötztinger Gegend an die Häuser und forderten mit dem Ruf: »Wo hast denn mein Kampl?« ein etwa 10 cm langes und 6 cm hohes Lebkuchengebäck, das wie ein Kamm gezackt war. Ähnliche »Chaemme« kennt man auch im Schweizer Brauchtum.

Die Sternsinger an Dreikönig erhielten als Lohn u. a. Kletzenbrot, Rauhnachtsweckerl, Semmeln, Krapfen oder Rauhernudeln.

Dreikönig

Dreikönig ist die letzte der zwölf Rauhnächte, die »Foaste Rauhnacht«. Das noch übriggebliebene Weihnachtsgebäck und das Kletzenbrot muß nun aufgegessen werden, denn die Zeit der Speiseopfer an die Seelen ist für jetzt vorbei. Die sonst so sparsamen

Hutzelbrot

Schwaben werfen das letzte »Hutzelbrot« sogar bei der Tür hinaus, vermutlich ein spätes Elementeopfer. Auch in Tirol werden die Wind- und Hausgeister noch einmal mit einem Löffel von jedem Gericht gefüttert, indem man davon etwas ins Feuer wirft. Es wurde auch ein Topf mit Brosamen und Speiseresten auf die Torsäule gesetzt »dem windt damit zufuedern, daß selbiger das ganze Jahr hindurch seine (des Bauern) Gründt und Sachen keinen Schaden zufügen mögen.« Den Windgeistern werden

Krapfen aufs Dach gelegt, die »Gstampanudeln«. Die Vegetationsgeister werden durch das Baumküssen beschworen: im Traunviertel nehmen die Kinder den Mund voll Krapfen, küssen die Obstbäume und rufen jedesmal: »Baum! Baum! ich küß dich, werd so voll wie mein Maul.« Bei der Größe, die so ein Bauerngarten haben kann, haben die Kinder körbeweis Krapfen verdrückt und sich runde Bäuche angegessen.
Das war aber auch gut so, denn Dreikönig hieß früher nur Berchtentag und wessen Bauch nicht so rund und glatt war, daß das Messer der Bercht abglitt, dem schlitzte sie den Bauch auf und füllte ihn mit Werg und Steinen. Vom »Berchtentritt« berichtet schon ein mittelhochdeutsches Gedicht, das Schmeller überliefert hat:

»Nach wîhen nehten, aht tage
den man heizzet eben wîhe,
Dô man ezzen wolt ze naht,
Dô sprach der wirt zem gesinde
und zuo sin selbes kinde:
Ir sült vast ezzen, daz ist min bete,
Daz uich Berhte niht trete.«

Der Bercht, der Stampa und den Engeln soll man vom Dreikönigsmahl auch etwas übrig lassen. Essen sie davon, so ist das ein gutes Zeichen für das kommende Jahr.

Perchtenumzug

Ein alter Brauch an Dreikönig sind die Perchtenumzüge, bei denen die Perchtenläufer mit Kletzenbrot und Schnaps bewirtet wurden. Je mehr Perchtenläufer über die Felder sprangen, um so mehr Fruchtbarkeit war zu erwarten.
Um Brot gingen aber auch die Kinder im Gewand der Heiligen Drei Könige, die Sternsinger. Sie ziehen heute noch umher und sagen Sprüche wie diese auf: s. S. 41

»Wir sind die Drei Könige aus dem Morgenland,
die Sonne hat uns so schwarz gebrannt,
Wir haben gesehen den lieben Gott
und täten bitten um ein Stückl Brot.«

oder:

»Jesus an der Krippe,
Heiland in der Welt,
hat d'Hausfrau koane Küchel mehr,
hat's doch a Stückel Geld.«

Rauhnachtsweckerl Der Lohn für diese Gesänge war häufig Kletzenbrot, aber es gab auch »Rauhnachtsweckerl«, genetzte süße Semmeln. Daneben Krapfen und in Niederbayern die »Rauhernudln«, die dort der Dreikönigsnacht den Namen »Nudlnacht« einbrachten.

Rauhnudeltanz Heute noch kann man in der Gegend um Waldkirchen (Bayer. Wald) beim sog. Rauhnudeltanz zuschauen, bei dem maskierte Gestalten mit Musik von Haus zu Haus ziehen, mit den Leuten tanzen und als Lohn Schmalznudeln bekommen.

Modelgebäcke Von den Königen als Gebildbrot wird aus dem Schwarzwald berichtet. Die zu Dreikönig üblichen Modelgebäcke, die nicht nur häufig einen goldenen Galawagen zeigen – auf einem goldenen Wagen fuhr die Frau Bercht –, sondern auch drei weibliche Wesen, die drei Schwestern Ainbet, Wilbet und Worbet, die ihr Herkommen aus dem germanischen Heidentum haben, belegen, daß die Drei Könige ihre »Ahnen« in den drei Schicksalsfrauen haben. In der Steiermark gingen die Königssängerinnen sogar als Schicksalfräulein gekleidet, eine im weißen Gewand, eine im roten und eine im schwarzen. In München waren noch im 19. Jahrundert die »Drei heiligen Madl« als Lebkuchen sehr beliebt. Es waren:

»Margret mit dem Wurm,
Barbara mit dem Turm,
Kathrina mit dem Radl,
Sein 3 kreuzbrave Madl.«

In all den kindlichen Umzügen der Sternsinger sieht Koren allerdings eine »Verharmlosung des ursprünglichen Glaubens«, der nämlich in Verbindung mit den Geheimbünden steht, die ehemals zu dieser Zeit als Vertreter der Toten ihre Heischegänge machten.

Dreikönigskuchen Vom Dreikönigskuchen berichtet schon Sebastian Franck 1534: »An der heyligen drey Künig tag bacht ein yeder vatter ein gut leck kuchen oder letzelten / darnach er vermag vnd ein haußgesind hat groß oder kleyn / vn knidt inn dem knetten ein pfennig darein / darnach schneidet er den gebachen leckkuchen in vil stuck / gibt yedem auß seinem haußgesind eyns. Item Christus Maria / vnd die Heyligen drey Künig haben auch yre stuck da / welche man vo yhrent wegen vmb Gots willen gibt / wem nun diß stuck wirt / darinn der pfennig ist / der von allen ist als ein Künig erkent vnnd erhaben / vnnd drey mal mit Iubel in die Höhe gehebt / der nimpt allmal ein kreid in die hand / macht ein creütz an die düln oder balcken im hauß vnd stuben / welche creütz für vil vnglück vnd gespenst sollen helffen / werden auch in grosser observation gehalten.«
Der Königskuchen ist aus England und Frankreich zu uns gekommen, wo er mit einer Bohne statt der Münze gebacken wird. Mit der Münze wird den Toten der Nachlaß

symbolisch abgekauft, während die Bohne als Symbol keimenden Lebens ein altes Seelenopfer ist. Vom »Bohnenkönig« wird bei uns allerdings nur aus dem Kloster Beuerberg berichtet. Daß der Dreikönigskuchen auf Orakelbräuche zurückgeht, zeigt sich besonders in seinen Herkunftsländern. In England z. B. buk man einen Trauring, ein Geldstück und einen Fingerhut ein, was Eheglück, Reichtum und Ledigsein bedeutete.

Und schließlich ist Dreikönig einer der wichtigsten Lostage, wovon auch die folgende Sage berichtet: Eine Bäuerin buk am Dreikönigsabend Kücheln. Das erste, noch heiß, gab sie der Dirn, die damit dreimal um den Hof gehen mußte und das Küchel dem ersten geben, dem sie begegnete. Das war aber der Bauer, worauf die Bäurin wußte, daß sie im kommenden Jahr sterben würde und die Dirn die neue Bäurin sein werde.

In Franken wurde teilweise an Dreikönig noch »gefitzelt« (= pfeffern; vergl. auch S. 32), was vielleicht Rosenpluet die ironische Bemerkung entlockt haben mag: »Die lieben heiligen drey Künig, die machen die Dienstmaid geil.«

Fasnachtszeit und Fasten

Wir treten nun in die Fasnachtszeit und die vorösterlichen Fasten ein. Da gibt es über einiges Brotbrauchtum zu berichten, das zum guten Teil nicht direkt mit dem Jahreslauf als solchen zu tun hat, sondern sich vielmehr auf einzelne Heilige bezieht.

Valentinsbrot

Der 7. Januar kennt das Valentinsbrot als Heilsbrot oder auch als Liebesbrot, das in Österreich »Limonischiffel« heißt. Es handelt sich um ein süßes Würzgebäck.

Erhardsbrot

Bekannter aber ist das Erhardsbrot am 8. Januar. Der hl. Erhard wirkte u. a. auch in Regensburg als Bischof und starb dort zu Beginn des 8. Jahrhunderts. Er gilt als Patron gegen Pest und Viehkrankheit. Als Heilbrote gibt es Erhardsbrot und Erhardzelten. Das Erhardbrot wird aus Roggenmehl, Wasser, Salz und Sauerteig gebacken und mit einem Kreuz oder einem anderen Segenszeichen versehen. Kirchlich geweiht ist es ein Heilmittel gegen die Brand-Krankheit. Die Erhardzelten werden ebenfalls aus Roggenmehl und Wasser gemacht, aber mit einem Modelbild des Heiligen gestempelt und, an den heißen Kachelofen gedrückt, mehr getrocknet als gebacken. Erhardzelten helfen gegen Milzbrand beim Vieh, werden aber auch gerne aufgeweicht und in einen Lappen gewickelt den Kindern als Schnuller gegeben. Besonders in der Regensburger Gegend ist das Erhardsbrot heute noch im Brauch.

Hilariusbrot

Noch vom vergangenen Neujahrskreis geprägt ist das Hilariusbrot des 13. Januar, das im Alemannischen daheim ist. In St. Glarus, das dem Heiligen seinen Namen ver-

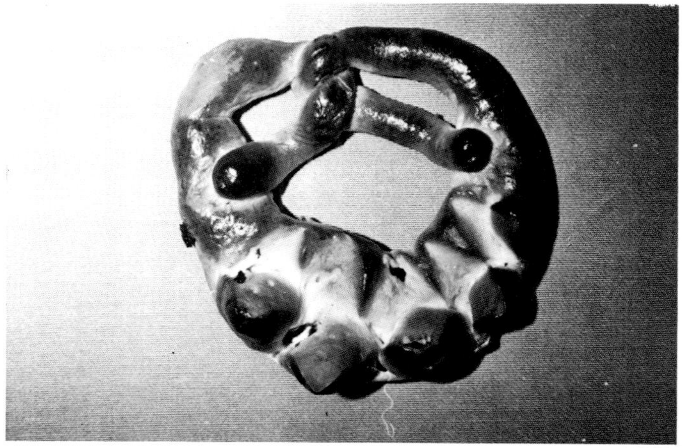

Neujahrsbrezen aus Euskirchen/Rh. Pfalz.

Eine Palmbrezen aus Ulm, 1967

Die besonders reich verzierte Reutlinger Königsmutschel, mit dem Rhombus im Kern, ist noch heute im Brauch.

Diese Schreinfigur der hl. Agatha zeigt sie mit dem Brot als Attribut. Eine Schnitzarbeit aus Schömberg-Schörzingen im Zolleralbkreis um 1500.

S. 41: Die Heiligen Drei Könige mit ihrem Stern. Strahlend zeigen sie ihren Gabenkorb her, der wohlgefüllt ist mit Brot, Kletzen und Schnaps.

S. 42: Der Bäckerrufer. Öl auf Leinwand, gemalt 1681 von J. A. Berckheyde. Man beachte die verschiedenen Gebildbrote und den sogenannten Brezenbaum.

dankt, ist der Sonntag nach Hilarius Winter-Kirchweih, der Hilarius-Tag selber trägt den Namen Klärestag.

Am zweiten Donnerstag im Januar bäckt man noch heute im schwäbischen Reutlingen **Mutscheln** ein weißes, rautenförmiges Weißbrot, die »Mutscheln«. Sie sind ein Fruchtbarkeits- und Liebesbrot (rhombus veneris), das die Ehemänner früher ihren Frauen mitbrachten, wenn sie aus der Backstube kamen, in die man an diesem Tag wie in ein Wirtshaus einkehrte.

Der »Fackentoni«, der heilige Eremit Antonius, hat seinen Gedenktag am 17. Januar. Er ist Patron u. a. der Sauhirten und der Metzger. Krankheiten wie Schweinerotlauf und Brand tragen die Namen Antoniusplage und Antoniusfeuer. Da aber nach dem Volksglauben gegen Brand, worunter man verschiedene Krankheiten bis hin zur Pest **Antoniusbrot** verstand, allemal Heilbrote das richtige Mittel sind, gab es an diesem Tag das Antoniusbrot, das sowohl für menschliche Gebrechen gut ist wie für den »Brand« auf den Feldern.

Am 20. Januar wird das Gedächtnis des Märtyrers Sebastian, des großen Pestheiligen **Sebastiansbrot** gefeiert. Das in der Kirche geweihte Sebastiansbrot, abermals ein Heilbrot, wurde dem Vieh gegen Milzbrand gegeben. Im Berchtesgadener Land durfte erst an diesem Tag das Neujahrsbrot angeschnitten werden und half dann gegen allerlei Krankheiten, besonders jedoch gegen »böse Lüfte«, die Pest.

Sebastian gilt aber auch als Brezenheiliger. Das mag zweierlei Gründe haben. Einmal werden auf den Sebastianmärkten gerne Brezen, die unter anderem ein Fastengebäck **Brezenbaum** sind, angeboten. Dann hat man aber auch den Brezenbaum, ein Holzgestell mit Zapfen, an denen die Brezen feilgeboten werden, mit dem Baum, an dem Sebastian sein Martyrium erlitt, in Verbindung gebracht. Volkskundlich hat das jedoch keine Berechtigung. Es gibt Theorien, die den Brezenbaum, der in Traunstein noch im 18. Jahrhundert gebräuchlich war, mit dem pfälzischen Sommertagstecken beim Winteraustreiben in Verbindung setzen. Das war ein geschmückter Stab, der mit Brezen, Ei und Äpfeln behängt war und den Lebensbaum symbolisierte.

Wenn die jungen Leute nach Ebersberg wallfahrteten, wo die Hirnschale des Heiligen als Reliquie verehrt wurde, kauften sie sich dort eine Brezen und hakelten damit. Wer den größeren Teil der durchgebrochenen Brezen in der Hand behielt, der sollte in der Ehe die Oberhand behalten.

Noch ein Brotheiliger dieser Tage ist am 21. Januar der hl. Meinrad. Zur Erinnerung an den Tod des Heiligen, der von Räubern erschlagen wurde, nachdem er sie mit Brot **Meinradswecken** und Wein bewirtet hatte, gab es in Salzburg den Meinradswecken.

Am St. Vinzenztag, dem 22. Januar, halten die Vögel Hochzeit. Wer als erster die Vögel paarweise sieht, heiratet im gleichen Jahr, wie man in der Steiermark glaubt. Entsprechend gab es Gebäcke in Vogelform. Vögel aus Brotteig gebacken konnte man aber auch am Tag der Agnes, dem 21. Januar, am 25. Januar, Pauli Bekehr, und am Valentinstag, den 14. Februar. Das Motiv der Gebäcke war jedesmal die Vogelhochzeit.

Vogelgebäcke

Maria Lichtmeß ist ein alter Bauernfeiertag. Es geht auswärts ins Jahr, die Tage werden länger, die Arbeit außer Haus wird verstärkt aufgenommen: »Maria bläst das Licht aus, Michel zünd't es wieder an.« In der Kirche werden die Lichtmeßkerzen geweiht, die bei Gewitter ein guter Schutz sind. Das winterliche Spinnen wird eingestellt und man kommt das letzte Mal zu dieser Arbeit zusammen, wobei es den »Schoadlrocka« gibt, eine Mehlspeise aus Milch und Semmeln. Aber neben Martini, Georgi und Michaeli war Lichtmeß Schlenkltag: die Ehhalten, die Dienstboten also, haben mit dem Bauern »Lichtmeß gemacht«, das heißt gekündigt oder sich weiter verpflichtet, und hatten nun Zeit zum Schlenkln, zum Umherschlendern, zum Nichtstun, wenn auch nur für einige Tage. Die »Schlenklweil«, der einzige Urlaub im Jahr, dauerte in der Regel bis zum Agathentag am 5. Februar. Wer eine neue Dienststelle suchte, ging auf den Schlenklmarkt. Damit die Bauern gleich erkennen konnten, wer Arbeit suchte, trugen die Burschen ein Strohbüschel am Hut, die Mägde zweierlei Strümpfe. Die Dienstboten hatten von der Bäurin als Zehr- und Wanderbrot das »Schlenklbrot« mit auf den Weg bekommen. Ehhalten, die bis ins hohe Alter auf demselben Hof blieben oder arbeitsunfähig waren, erhielten bei jedem Backen den »Götslaib«, wohl von Göt, Gevatter.

Maria Lichtmeß (2. Febr.)

Schoadlrocka

Schlenklbrot

Götslaib

Der Knecht oder die Magd, die von daheim fortgingen und zum ersten Mal in Stellung kamen, nahmen ein Symbol aus der Heimat mit, ein »Heimwehbrot« oder »Gewöhnbrot« und etwas Staub vom Stubenkehricht, den man sich ins Kleid nähte oder sogar ins Heimwehbrot einbuk. Die Magd nähte sich aber auch Salz und Brot in den Rocksaum. Das half, das Scheiden leichter zu ertragen und war eine Gewähr dafür, daß man wieder heimkehrte. Da der Abschied vom Hof offenbar gar so traurig war, hieß der Krapfen, den die scheidenden Dienstboten in Tirol erhielten, »Rearkrapfen« (von röhren = weinen).

Heimwehbrot

Rearkrapfen

Wie und was die Bäurin kochte, war wichtig, denn die Kost stellte einen Hauptteil der Löhnung dar. Wenn man unzufrieden mit dem Essen war, so war das ein guter Grund, den Dienst aufzusagen:

»S' Jahr ist aus
und insa ganzer Trost:
mir kriagn an neie Bäuerin
und a andre Kost.«

Die Einstandswoche kannte deshalb besseres Essen, es war die Kaswoche, im Gegensatz zur Schinterwoche. Denn so, wie die neuen Dienstboten erst einmal etwas verwöhnt wurden, sind die ausscheidenden noch recht geschunden worden, ja es gab sogar, das am Rande zu erwähnen sei gestattet, den »Scheißerltag«, an dem die auf dem »Häusl« zuviel verbrachte Arbeitszeit eingeholt werden mußte.
In der Hierarchie der Ehhalten war genau festgelegt, wem was zustand, nicht nur an Kleidung, sondern auch an Zukost an den Bauernfeiertagen. Der Oberknecht hatte beispielsweise sechs Schlenklbrote und sechs Küchel zu bekommen, der zweite Knecht nur mehr drei, und so erhielt jeder seinem Rang entsprechend seinen Teil. Viele der alten Rezepte, auch für Brauchtums- und Gebildbrote, hat u. a. Erna Horn liebevoll und kenntnisreich gesammelt (s. bibliographischer Anhang), z. B. für die gebakkenen Wachsstöcke des Lichtmeßtages oder den »Ehhalten-Schmaus« Bavesen, zu dem sie ein nettes Gstanzl mitzuteilen hat:

»Zwetschgen-Bavesen
Wo bist so lang gewesen?
In 44 Wochen bin i in' Himmel aufikrochen
kimmt Kathrein mit einer Schüssel voll Brein
ham ma denkt, i muß schlecka,
komt d'Eva mit'm Stecka,
haut mi aufi auf Blecka,
haut mi aufi auf d'Krei,
daß i vom Himmel abifei!«

Blasiusbrot

In der »Schlenklweil« bis Agatha ist noch ein letzter Brotheiliger zu finden: und zwar St. Blasius, einer der Vierzehn Nothelfer. Das Blasiusbrot dient in Tirol als Heilbrot gegen Halsschmerzen, da St. Blasius ja enthauptet wurde und die Heiligen bekanntlich besonders gegen solche Schmerzen angerufen werden, die sie selber erleiden mußten. Blasius gilt ebenso wie Lichtmeß als Winterende. Noch einmal wird der Wind gefüttert. Die Volksetymologie schließlich brachte den Namen des Heiligen mit dem Blasen des Windes in Verbindung. Daher wurde Blasius zum Wetterpatron.
Am Agatha-Tag, dem 5. Februar, ist es mit dem Herumschlenkeln der Ehhalten vor-

bei, die Arbeit wird wieder aufgenommen. Neu eingetretene Dienstboten erhalten zum Einstand ein geweihtes Agathabrot. Dieses Brot hat vielfache Wirkung. Es hilft gegen Feuer, gegen Brand auf den Feldern und Brand als Krankheit, besonders aber auf Grund des Martyriums der hl. Agatha bei Brustschmerzen. Zur Brotheiligen wurde die hl. Agatha, weil sie der Legende nach ihre Heimatstadt Catania in Sizilien von Hungersnot und Pest befreite.

Agathabrot

s. S. 40

In der Schweiz klebt man auf das Agathabrot die Agathazettel, die die Initialen der Heiligen Drei Könige tragen. Im Alemannischen gilt das Agathabrot als Heimwehbrot und wird auch neu gekauftem Vieh gegeben, der kalbenden Kuh und dem Vieh beim ersten Austreiben auf die Weide. Wie das Johannisbrot hilft das Agathabrot Ertrunkene auffinden, da es auf dem Wasser treibend dort verharrt, wo der Tote zu suchen ist. Offensichtlich ist dies ein Opfer, das die Flußgeister bewegen soll, den Leichnam freizugeben. Auch das »Multschen-Weggeli« des Aargaus ist ein Agathenbrot, das aus der Trogscharre hergestellt wird, dem letzten zusammengescharrten Teig im Backtrog.

Multschen-Weggeli

Fasnacht

Seit Dreikönig schon sind wir in der Fasnachtszeit. In der Stadt dauert der Fasching schon mehrere Wochen, auf dem Land fangen seine Freuden aber erst am letzten Donnerstag vor der Fasten an, am »gumperten Donnerstag«. (Oft nennt man ihn fälschlicherweise »glumperten Donnerstag«, der Name jedoch kommt von »gumpen«, was lustige Sprünge machen heißt.) Ihm folgen der »rußige Freitag« und der »schmalzige Samstag«. Schmalzig ist überhaupt das Kennwort der Gebäcke dieser Zeit, die in großer Menge und in vielerlei Gestalt hergestellt werden. Das ist in Stadt und Land gleich.

Krapfen und Küchle

Als eine Hochburg der Faschingskrapfen konnte Wien gelten, wo im Kongreßjahr 1815 fast 10 Millionen Krapfen verzehrt wurden, mit denen man allerdings recht rücksichtslos umging, wie der Chronist berichtet: »Man geht fast durch keine Gassen, wo man nicht eine Schüssel mit Krapfen bei ein Gewölb stehn sieht. Einige haben . . . ein gläsernes Kastel darüber, damit kein Staub dazu komme, andere lassen's wieder gern einstaub'n, damit's den Zucker ersparn.«
Da war halt nicht die Liebe zur Sach' dabei, während die Bäurin allen Ehrgeiz darein legte, gute und reichliche Kücheln zu machen. Im Allgäu und im bayrischen Schwaben konnte sie in Gefahr geraten, als Hexe verschrien zu werden, wenn sie am »schmotzigen« Samstag, wie es dort heißt, keine Kücheln buk oder sonstwie »ins Schmalz« kochte. In manchen Gegenden Österreichs durften die Burschen Heugabeln durch das Küchenfenster stoßen, die sie voll Krapfen gesteckt bekamen, wenn die Bäurin nicht bis Mitternacht mit dem Backen fertig wurde.

Nach einem alten Rezept aus Süddeutschland macht man die Faschingskrapfen so: »wen zuo aim ietlichen vassnacht krapffen acht dinck: zuo dem ersten semelin, mel ayr, wasser, gewürtze, füll, salz, öl, fewr und ein pfann darin der Krapff gebachen werd.« Nun, Rezepte für Krapfen, Küchel, Nudeln und sonstige Schmalzgebäcke gibt es viele. In der Wetterau heißt es, wer zu Fasnacht keine Kräppel backt, der kann das ganze Jahr hindurch nicht froh werden.

Im Krapfen sieht man jedenfalls das älteste, schriftlich belegte Gebildbrot, das nach Höfler »als Kultbrot der Zeit der Bacchanalien aus dem römischen Kolonistenbrauch durch Vermittlung der Klosterküchen« zu uns gekommen ist.

»Nonnenfärzgen«

Für sein Herkommen aus Klosterküchen ist das »Nonnenfärzgen« ein Beleg, ein Krapfen, dessen Namen keinerlei »Anrüchiges« andeuten möchte, sondern seine Bezeichnung daher hat, daß er in Nonnenklöstern gebacken wurde und eine Farce, eine Füllung hat. Ohne diese und ohne rundliche Form kann kein Krapfen Anspruch auf diese Bezeichnung erheben, wie bereits vorher erwähnt. Die Fülle muß allerdings nicht unbedingt immer süß sein, es gibt auch solche aus Fleisch, Fisch, Topfen und anderen Zutaten.

Der »rußige Freitag« hat seinen Namen vom Bemalen des Gesichts mit Ruß. Der Bursch, der ein Mädchen anrußt, muß ihr am »schmalzigen Samstag« ein Geschenk mit Schmalznudeln machen.

Faschingssonntag

Faschingssonntag ist Herren- oder auch Pfaffenfasnacht, denn für die Geistlichkeit begann die vorösterliche Fastenzeit bereits am folgenden Montag, dessen Bezeichnung als Rosenmontag ein rheinischer Import ist. »Mit dem Sonntag«, so teilt Leoprechting mit, »beginnt erst die Fasnacht, bis dahin sagt man Fasching«. Die Gebäcke dieses Tages stehen zum Teil in Bezug zum Seelenkult: den Armen werden Fasnachtsbrote gespendet und in Österreich gab es wie zur Weihnachtszeit Viehstöri. Das wichtigste war aber doch der kulinarische Genuß und die Geselligkeit, wie aus dem Vers des Hans Sachs abzulesen ist:

»Ich hab' zur Fastnacht Euch hergeladen,
daß Ihr euch Krapfen holt und Fladen
und heut mit mir wollt Fastnacht halten
dem Brauche nach, dem guten alten.«

Fasnachtskücheln gab es nicht nur im Wirtshaus für die Gäste, in der Schweiz sind sie sogar von Behörden verteilt worden.

Fruchtbarkeitsgebäcke

Der Krapfen wurde schon in seiner Eigenschaft als Fruchtbarkeitsgebäck angesprochen. Besonders deutlich wird das bei den »Mutscheln«, einem Festgebäck des Fasnachtssonntags, denen wir in Reutlingen bereits am zweiten Donnerstag des Januar begegneten. Die Mutscheln bestehen meist aus Lebkuchenteig und gehören zu der Sorte von Backwaren, die der Volkskundler ebenso schamhaft wie gelehrt mit »Rhombus veneris« bezeichnet. Der Bezug zur Fruchtbarkeit ist also eindeutig. Es gibt aber als Fasnachtsgebäck ein männliches Pendant zur Mutschel, das man im Schwäbischen »Fasnachtszipfeln« nennt, im Ansbachischen »Bauernspatzen« und im Elsaß besonders lustig »Bubenpimpeln«.

Hornaffe

Ein Fasnachtsgebäck, dessen Herkunft schwer zu deuten ist, ist der schwäbische und fränkische »Hornaffe«, ein doppeltes Hörnchen, das ungefähr wie ein rundes X aussieht.

Kasküchel

Im Oberinntal gab es »Kasküchel«, die ein etwas zweifelhafter Genuß waren, wenn man Hörmann glaubt: »Sie lassen sich wie Kautschuk halbmeterlang auseinanderziehen und sind eine recht liebliche Speise für einen, dessen Magen mit Leder ausgeschlagen ist. Wenn ein Mädchen so einen Teigpatzen brühwarm dreimal ums Haus trägt, so erscheint ihr im Traum der künftige Bräutigam«.

Pflugbrot

Fasnachtsmontag und -dienstag gehören zu den »Freßtagen«. In Tirol hieß der Faschingsdienstag »Speib-Erchting«. Am Montag, der schmalziger, blauer oder damischer Montag heißt, buk man in Schwaben und der Oberpfalz ein »Pflugbrot«. Das Fett, in dem Krapfen gebacken wurden, hob man in Böhmen und Tirol auf, um damit in der Erntezeit den ersten Wagen zu schmieren, der Getreide heimführt, oder auch den Pflug. Faßt man nun die Brauchtumsgebäcke der Fasnachtszeit von Dreikönig bis zur engeren Fasnachtszeit vom gumpeten Donnerstag bis Faschingsdienstag zusammen, so ergeben sich dabei deutliche Unterschiede. Im ersten Zeitraum dominieren »die süßen Heilbrote der vorangegangenen Neujahrszeit, die Vogelgebäcke der deutschen Frühlingszeit und leise Spuren eines germanischen Seelenkults der eigentlichen Lenzzeit . . . Weit deutlicher ist der Kult der Hausgeister vor dem Frühling angedeutet« (Höfler). In der engeren Fasnachtszeit überwiegen Schmalzgebäcke.

Fastenzeit

Mit dem Aschermittwoch beginnt die vierzigtägige Fastenzeit. Sebastian Franck berichtet: »Auff disen Tag der ascherigen Mittwoch leyten sy die fasten ein mit großer mummerei, halten bancket und verkleiden sich in ein sunder manier. Etlich klagen und suchen die fassnacht mit fackeln und latern bei hellem tag, schreien kläglich, wo die fassnacht hinkummen sey . . .« Aber das Klagen nützt nicht, wenn auch mancher »für a Trumm Fleisch« die ganzen Fasten hergäbe. Man geht in die Kirche zum Äschern, gibt wohl auch geweihte Asche auf die Felder, was der Saat mehr nützt als drei Tage Regen und drei Tage Sonne und sie vor Würmern bewahrt. Da am Aschermittwoch

Luzifer angeblich aus dem Himmel gestürzt wurde, ist er ein Unglückstag, an dem man das Vieh im Stall lassen soll und Stall und Stube nicht reinigt. Mancherorts begrub man die Fasnacht. Bei diesem alten Brauch wurde das kirchliche Leichenbegängnis spottend nachgeahmt. Obwohl darin keinerlei kirchenfeindliche Tendenz lag, übte man diesen »Spaß« vorsichtshalber doch lieber in Orten aus, in denen kein Pfarrherr saß.

Boissen
Fastenbrezen

In der Oberpfalz zogen die Burschen zum »Boissen«. Einer von ihnen trug eine Stange mit Fastenbrezen bei sich. »Sie versuchten junge Mädchen zu erhaschen und mit einem Brettchen auf das Hinterteil zu schlagen. Die Getroffene bekam als Trostpflaster eine Brezel ausgehändigt« (Benker). Dieser Brauch erinnert an das Pfeffern, wenn der Zeitpunkt dafür auch ungewöhnlich ist. Ungewöhnlich ist auch der Zeitraum, über den sich der Brauch der »Schmalzbretzgen« erstreckt, eine Kaufbeurer Spezialität. Dieses Schmalzgebäck aus Hefeteig gab es von Dreikönig bis zur Karwoche.

Schmalzbrezen

In den Fasten setzen sich einige Gebäcke der Fasnachtszeit fort, wie die Fasnachtsküchlein oder die Brezen, die einen als Frühlingsgebäck, die anderen als Brot des Totenkults.

»Schön und Stärk«

Der erste Fastensonntag ist Invocavit, an dem die »Schön und Stärk« getrunken wurde. Das ist ein alter Brauch des Minnetrinkens, der auch an Neujahr, Johannis,

Das Brauchtumsgebäck beim »Schön und Stärk« Trinken sind Lebzelten, Brezen und Busserl.

Martini, bei Hochzeiten und beim Abschiednehmen geübt wird. Als Gebäck greift man dabei zu Lebzelten, süßen Brezen und »Busserln«.

Aber Invocavit ist auch Funkensonntag. Auf den Bergen (vor allem im Allgäu) wurden Funkenfeuer abgebrannt und auf den Höfen Fackeln geschwungen. Vielleicht war es ein Zauber, der die Sonnenwärme herbeilockte, jedenfalls verband sich mit diesem Brauch die Bitte um gute Ernte. Entsprechend waren die Brote dieser Zeit Spendbrote. Das Fackelschwingen besorgten vielfach Kinder, die man sich dazu sogar »auslieh«, wenn am Hof keine eigenen waren. Es wurde der Tod ausgejagt. In Tirol und im Allgäu verbrannte man auf dem Scheiterhaufen die »Funkahäx« (eine pulvergeladene Strohhexe). Im Elsaß gingen die Kinder am »Kuchelsonntag« von Haus zu Haus mit Sprüchen wie diesem:

Funkensonntag

Spendbrote

»Sidenfaden um das Hus,
's stieht e schieni Fröu ins Haus.
Küchler rus, Küchler rus,
oder i schlag a Loch ins Hus.«

Der Seidenfaden ist eine Anspielung auf die Spinnerin Bercht. Der Spruch weist aber ebenfalls auf die Schmalzgebäcke hin, die an diesem Tag so verbreitet waren, daß der Funkensonntag in Vorarlberg »Küachlisonntag« hieß. Im Allgäu bekamen die Burschen von den Mädchen, die sie Fastnacht zum Tanz geführt hatten, Schmalzgebäcke zum Dank.

Schmalzgebäcke

Ein besonders schöner Brauch ist auch das Scheibenschlagen, das heute noch ausgeübt wird. Vom Berg werden glühende Holzscheiben, die aussehen wie Sonnenräder, ins Land hinausgeschleudert und jede Scheibe ist einem Mädchen gewidmet. In Tirol heißt es dazu etwa: »Holepfann (Schmalzküchel), Holepfann, Korn in der Wann, Schmalz in der Pfann, Pflug in der Erd, schau, wie die Scheib' rausröhrt« und dazu wurde der Name des Mädchens genannt. Oder im Schwäbischen ruft man:

Scheibenschlagen

»I ha eurer Tochter Schibe g'schlage,
Ihr were mer's Küchli nit versage,
D' Scheibe fahre hin und her.
Mir esse d' Küchli alli gern.
D' Küchli raus, d' Küchli raus,
's is a schöni Tochter im Haus.«

Wer allerdings unter den jungen Leuten ohne »Gschpusi« war, mußte sich an diesem Tag im Schwäbischen das »Hänseln« gefallen lassen. Zwar war das gegenseitige Schenken von gebackenen männlichen oder weiblichen Figuren, den »Hanseln«, ein Liebeszeichen, für »einschichtige« Burschen und Mädchen aber wurde es zum Spott.

Hanseln

Der Funkensonntag ist auch Gedenktag der hl. Kunigund. In Salzburg, der frühesten christianisierten Stätte Deutschlands, hat sich am Kunigundentag, einem römischen Neujahrstermin, in der Brezenspende an die Armen sehr lange ein Rest des Totenkultes gehalten.

Brezenspende

Am Mittwoch nach Invocavit ist die erste Quatemberwoche zu Ende. In München erhielten im 15. Jahrhundert die Kinder in der Siechenstube Brezen in der Suppe, wie es sie in Tirol als »abgeschmalzene Brezler« noch heute gibt. Schmalzbrezen waren ja ein beliebtes Fastengebäck des Allgäus; im Augsburger Jahreinmal von 1764 werden sie ebenfalls erwähnt: »Auch nimmt jetzt mancher für den G'schlier (Leckerei) ein Fastenbrezen zu dem Bier.«

Am 12. März, dem Tag des hl. Gregorius, des Schulheiligen, bekamen im Alemannischen und in Tirol die Kinder Gregoriusbrot, in Bamberg Gegoriusbrezen. Der dritte Sonntag der Fasten, Oculi, heißt im Allgäu sogar Brezensonntag.

Gregoriusbrot/-brezen

Der 17. März, der Gertraudstag, zeigt das Ende der Winterarbeit und den Beginn der Gartenarbeit an. In Tirol kennt man das Gertraudsbrot, ein spezielles Weißbrot, das zu den Festmählern verzehrt wird, mit denen der Frühling gefeiert wird. Zwei Tage später, am 19. März, ist Josefi. Für diesen Tag überliefert Kriss eine Berchtesgadener Eigenart, das »Baumwollbrot«: »Am Josefitag fand früher in der Franziskanerkirche ein Amt der Zimmerleute statt, wobei eine bestimmte Sorte Brot geopfert wurde, das man Baumwollbrot nannte und das aus einer Tafel von vier aneinandergereihten Weißbrotwecken bestand, unter deren Teig Weinbeeren gemischt waren. Dieses Brot gab es nur im Fasching, als Ablösung des weihnachtlichen Kletzenbrotes. In der Hebenstreitmühle von Ilsank wird es noch jetzt (d. i. 1947) hergestellt. Mit jener Opfergabe wurde seinerzeit allerhand Unfug getrieben, indem man Nägel und kleine Holzstückchen hineinsteckte. Daher wurde sie in den 80er Jahren abgeschafft und durch eine Spende von 10 Pfennig pro Tafel ersetzt.«

Gertraudsbrot

Josefi

Baumwollbrot

Am Mittwoch nach Oculi beginnt Mittelfasten. Sommer und Winter tragen noch einen Kampf um die Vorherrschaft miteinander aus. Dieser wird symbolisch in einem Spiel dargestellt, bei dem Buben an langen Stangen Brezen tragen. Einen ähnlichen Brauch gibt es in der Pfalz und im Odenwald: die »Stabausbrezen«, mit denen der Winter »ausgestaubt« wird. Im Odenwald sangen die Kinder dabei: »Brezel drein! Gille Wein! Alle gute sach nein! Stab aus!«

Stabausbrezen

Mit der Stabausbrezen »staubt« man den Winter aus.

Im Lechrain übte man einen entsprechenden Brauch am vierten Fastensonntag Lätare, dem »Rosensonntag«, aus. Der Bursche, der den Sommer darstellt, ist mit Bändern, Blumen und einem Baum mit Äpfeln geschmückt, der Winter in Pelz vermummt. Die beiden ziehen umher und singen: »Jetzt is gern glei Summa, jetz wird's scho gern warm, jetz woll'n ma glei aussi, zum Pflanz'n eischarrn.« Der Lohn besteht aus Brot, Kücheln und Eiern. Außerdem ist das am Lätare geweihte Brot besonders nahrhaft. Eine Unze davon gibt mehr aus als zwei Pfund von einem gewöhnlichen Brot. Am Rosensonntag ißt man nicht nur Rosenzelter in Schwaben oder Rosennudeln im Allgäu, Ostern wirft schon seine Schatten voraus und es gibt daher auch Eierwecken. Der badische Brezenmarkt am fünften Fastensonntag Judica erinnert allerdings daran, daß die Fasten doch noch nicht ganz vorbei sind.

Rosensonntag (Lätare)

Rosenzelter

Oster- und Pfingstfestkreis

Ein hoher Feiertag dieser Vorosterzeit ist der Palmsonntag, an dem der Palmbuschn geweiht wird und dadurch große Kraft, besonders gegen Feuersnot erhält. Seine Her-

Palmbuschn
s. S. 80

stellung ist recht interessant. Da ist zunächst der Stab einer Haselstaude, die gegen Blitz ohnehin gefeit ist. An ihn werden die Palmkatzerl gebunden, die ersten Triebe des jungen Frühlings, dann ist Buchsbaum dabei, den die Hexen nicht mögen und Kranewitt, der für die Gesundheit so gut ist. Aber geschält muß er sein, der Haselstekken, denn die Hexen können sogar zwischen Holz und Rinde hineinschliefen. Nur der Griff bleibt ungeschält, da werden die Hexen mit viel Kraft hinausgedrückt. Der Palmbuschn ist auf das Schönste geschmückt mit Äpfeln, Dörrzwetschgen, mit Bändern und verschiedenen Gebildbroten, besonders aber mit Brezen, die als typisches Fastengebäck ein Hauptgebäck dieser Tage sind. Im Allgäu heißen sie auch des Palmesels wegen Eselsbrezen. Den aus Holz geschnitzten Esel, von dem es prächtige Exemplare gab, zogen früher die Hindelanger Buben auf einem Schlitten, da um diese Zeit meist noch Schnee lag, nach Oberstdorf, wo ein Rosenkranz gebetet wurde, und zurück. Ihr Lohn waren Mutschellen, längliche Weißbrote. Eine rein lokale Besonderheit ist sicher der gebackene Palmesel, von dem Erna Horn aus ihrer Kindheit in Pfarrkirchen zu berichten weiß.

Karwoche

Mit dem Gründonnerstag geht die Karwoche an. In Bayern heißt er teilweise noch heute Antlaßpfinsta, weil es ein Tag des Ablasses war, der Entlassung aus Sündenschuld und weil der Donnerstag Pfinsta hieß.

Grüne Speisen

»Grüne Speisen« sind am Gründonnerstag eine alte Brauchtumsvorschrift, so z. B. Spinatkrapfen, aber auch Brezen und verschiedene Brote wie das »Mändel-« oder »Mandatsbrot« werden an diesem Tag gegessen.

Mändelbrot

Das Mändelbrot bekamen die 12 alten Männer bei der Fußwaschung am Gründonnerstag. Da sie die Apostel vertreten, nennt man dies Brot auch »Apostelbrot«. Ein eigenartiger Brauch der Fußwaschung hat sich in Mariazell (Wallfahrtsort in Österreich) gehalten, wo beim Mahl der »Apostel« der brotsegnende Heiland teilnimmt, ein lebensgroßes Schnitzwerk, das der Bäckermeister Peregrin Feischl im Jahre 1848 schuf.

Arbeiten und somit auch Backen durfte man am Gründonnerstag nicht, wohl im Gedenken an die Leiden des Herrn am Ölberg. Dafür tat man es am Karfreitag um so lieber, wenn es auch in der Regel einfache Gebäcke waren, die in die noch andauernde Fastenzeit passen. Die Karfreitagbrezen zum Beispiel, die im Volksglauben in Schwaben gegen Fieber hilft.

Karfreitagsbrote

Zu den Heilbroten gehört das Karfreitagsbrot, mit dem in Niederbayern ein besonderer Brauch verbunden war. Man trocknete es und zerstieß es auf einem Kruzifix als Unterlage zu Pulver, von dem man bei jedem Backen etwas in den Teig gab, damit das Brot nicht schimmeln sollte. Im Bayerischen Wald kennt man vor allem die Kar-

freitagskrapfen, von denen immer zwölf gebacken werden, so viele, als der Herr Jünger hatte.
In Tirol gab man dem Vieh »Marterbrote« zur Erinnerung an das Leiden Christi. In Vorarlberg buk man kleine Kümmelwecken, in Oberösterreich waren es kleine, fladenartige Gebäcke, die man hie und da in der Kirche weihen ließ. Sonst galt das Brot aber schon allein durch das Backen am Karfreitag als geweiht. Man steckte ein Stück davon in die Dachsparren, um das Haus vor Blitzschlag zu schützen. Mit dem Brot vom Karfreitags-Abendmahl glaubte man Feuer löschen zu können.
Ein Fladengebäck waren auch die Tölzer »Karfreitagshäut« aus Roggenmehl. Welche Bedeutung die »Kreuzbrote« des Karfreitag haben, liegt auf der Hand.
Auf der Schwäbischen Alb sind mit dem Karfreitag Fruchtbarkeitswünsche verbunden: die Männer bekamen Eierbrote und Eierfladen zu essen.
Mit dem Karsamstag enden nun Karwoche und Fastenzeit, die Ostertage beginnen.

Ostern

Burgstaller vergleicht das Speisebrauchtum der Ostertage mit denen des Weihnachtsfestkreises. »Wie Weihnachten erstreckt sich auch der Osterfestkreis auf eine größere Anzahl von Tagen und Nächten, deren Aufeinanderfolge in der Begehung beider Feste weitgehend übereinstimmt: wie diesem mit dem Adventsfasten eine Zeit der Besinnung und geistigen Vorbereitung auf das Ereignis der Geburt Christi vorausgeht, leitet auch Ostern eine längere Fastenperiode ein; wie dort dem Christtag der vielfach gefeierte Stefans- und Johannistag, folgen hier mit oft gleichen Bräuchen, nur in jahreszeitlich bedingter Abwandlung, Ostermontag und Dienstag.« Ein Unterschied liegt jedoch in der Fixierung des Weihnachtsfestes, während das Frühlingsfest Ostern, verbunden mit der Auferstehung des Heilands das größte christliche Fest, beweglich ist.
Wie der Bursch sich am Stefanstag bei seinem Mädchen Kletzenbrot holt und anschneidet, kann er sich am Ostersonntag rote Eier holen und mit ihr »Eierpecken«.

Osterbrote

Wie zu Weihnachten sind Verwandtenbesuche üblich, bei denen besonders das Brot in der Bewirtung eine Rolle spielt. Auffallend sind auch Elementeopfer zu Ostern, wie die Brotspende im Helenenkirchl bei Thurn in Osttirol, von der Haider aus dem Jahr 1964 berichtet. Diese alte Sitte findet zwar mit der Auferstehungsfeier am Karsamstag statt, ist aber zum eigentlichen Ostertag zu rechnen: Aus Getreide, das die Bauern spendeten, hat die Mesnerfrau mit viel Arbeit 300 bis 400 kleine Brotlaibe gebacken. Nach dem Englischen Gruß stellen sich die Beter in der Kirche auf und erhalten jeder an der Sakristei eines der Brote, wofür sie eine Geldspende in die Opferschüssel werfen. Diese Brotspende hält den Hagel ab. Als man 1915 versäumte, sie durchzuführen, schlug der Hagel drei Tage vor dem Schnitt fast das ganze Getreide zusammen.

Die Einheitlichkeit der festlichen Mahlbräuche zu Weihnachten und Ostern läßt Burgstaller auf das hohe Alter beider Festkreise schließen. Auffallend ist nur, daß den Ostergebäcken, außer dem Karfreitagsbrot, im Gegensatz zu sonstigen Festbroten von sich aus keine Segenskraft innewohnt. Sie erhalten diese erst durch die Speisenweihe, deren Vorbereitung schon am Karfreitag beginnt: Ein Korb wird mit einem Leintuch ausgeschlagen, mit Schlüsselblumen, Buchsbaum oder anderen Frühlingsblumen geschmückt, Rauchfleisch hineingegeben, Butter, rote Ostereier (die Farbe der Ostereier war ursprünglich immer rot, da ja besonders Antlaßeier beliebt waren, gelegt an einem Donnerstag, dem Tag Donars, dessen Farbe das Rot ist), Salz, Kren und ein schönes gebackenes Osterlamm, das manchmal sogar aus reiner Butter geformt war. Diese Weihekörbe, die es in Bayern heute noch gibt, werden am Ostermorgen in der Kirche geweiht.

Weihekorb
s. S. 89

In der Steiermark wurde das Korn des Bauern zuerst reif, dessen Weihekorb als erster aus der Kirche zurückgebracht wurde, was zu einem regelrechten Wettlauf nach der Weihe führte. Von dem Geweihten erhält anschließend jeder im Haus seinen Teil.

Unter den Ostergebäcken finden sich besonders viele Fruchtbarkeitssymbole, zum Teil als Spaltgebäcke, aber auch in Tierform als Hase, Hahn oder Vogel. Das männliche Gegenstück zu den Spaltgebäcken sind die Ostermänner, denen sogar noch ein Ei eingebacken wurde.

Die Miltenberger Osterringe sind eigentlich Neujahrsringe und erinnern daran, daß Ostern ein jüdischer Neujahrstermin ist.

Zuckerbrezen

Neben den harten, gesalzenen Brezen, die ein »Nachgeschmack« der Fastenzeit sind, gibt es nun süße Zuckerbrezen. In weiten Teilen Österreichs z. B. brachten die Beichtgeher von der Osterbeichte den Daheimgebliebenen Brezen mit. In ganz Süddeutschland wurden an Ostern, neben Allerheiligen einer der wichtigsten »Gotltage«, Brezen an die Gotln, die Taufpaten, geschenkt. Und in Osttirol gibt man den Paten den »Pfannweichen«, einen Rosinenkuchen, den aber auch die Burschen ihren Mädchen in den Osternächten verehren.

Pfannweichen

Osterfladen

Fast jede Gegend hat eigene Osterbrote, keines aber ist so weit verbreitet wie der Osterfladen oder Osterfleck. Er ist das älteste Ostergebäck und hat sich aus dem über einem heißen Stein gebackenen Fladen entwickelt, dessen Zubereitung mit der Zeit immer mehr verbessert wurde. Er wurde verziert, gewürzt, mit Honig und Zucker angereichert. Dank der Verfeinerung der Backkunst und der »Entdeckung« des Sauerteigs konnte der im Gegensatz zum flachen Fladen gewölbte Osterlaib entstehen, der nun der Gestaltungskraft und Phantasie der Hausfrau keine Grenzen mehr setzte.

Der Osterfladen soll frühlingshaft fruchtbare Wirkung haben, die durch die safrangelbe Färbung, die auch vielen anderen Ostergebäcken eigentümlich ist, dokumentiert wird. Mit der Färbung wird die befruchtende Kraft des Eies symbolisiert. In der Volkskunde wird der Osterfladen auch als Abbild der wiederkehrenden Kraft der Sonne gedeutet.

In Oberbayern und Tirol wurde ein Osterfladen gebacken, der mit Lamm- oder Hahnblut vermischt war. Im Pustertal glaubte man, dieser Fladen mache Wilderer kugelfest. Die niederbayrischen Osterzelten zählen ebenfalls zu den Fladengebäcken.

Pumpernickel

Als Ostergebäck aus der Oberpfalz erwähnt Höfler den »Pumpernickel«. Damit ist aber vermutlich ein Lebkuchengebäck gemeint, denn das altgermanische Derbbrot, das gewöhnlich als Pumpernickel bezeichnet wird, ist in Westfalen daheim. Die Erwähnung des Pumpernickels soll Anlaß sein, etwas über die Herkunft des Namens zu sagen. Höfler leitet ihn aus »bonum paniculum« ab. Der Pumpernickel ist aber sicher kein »gutes, kleines Brot« gewesen. Im Frauenzimmer-Lexikon von 1773 ist nachzulesen: »Pumpernickel oder Bombernickel heißt das gemeine westphälische Hausbrot, das als etwas besonderes an viele fremde Orte verführet wird, und ist nichts anderes als ein aus geschrotetem Roggenmehle gebacknes grobes Schwarzes Brot . . . Es gibt eine überaus nahrhafte und wiederhaltende Kost . . . jedoch ist nicht zu leugnen, daß man dazu einen westphälischen Magen und robusten Leib mitbringen müsse.« Diese Äußerungen machen die Version in Wahrigs Deutschem Wörterbuch plausibel, wonach der zweite Teil des Namens die Kurzform von Nikolas ist, wie wir sie aus »Bosnickel« oder »Stinknickel« kennen, der erste aber lautmalend die blähende Wirkung des Brotes beschreibt.

Kehren wir nach dieser kurzen Exkursion aber zum Jahreslauf zurück und verlassen den engeren Osterfestkreis. Am 23. April ist der Ehrentag des hl. Georg. An seinen Sieg über den Drachen soll das schlangenartig verschnörkelte Georgibrot erinnern. Die bis zum Ende des 19. Jahrhunderts in München üblichen Georgiwecken haben aber auch mit dem Georgstag als Frühjahrstermin zu tun und stehen mit der Pflug- und Saatzeit in Verbindung.

Georgibrot

Einer wahrscheinlich falschen Auslegung des Namens Marzipan als »Marci panis«, Brot des Markus, verdankt wohl das Markusbrot am 25. April seine Entstehung, denn bis heute ist die etymologische Bedeutung des Wortes ungeklärt geblieben! Genausowenig überzeugend nachgewiesen mag demnach auch Höflers Theorie sein, der Marzipan aus »panis martialis« ableitet, was mit Märzbrot übersetzt werden müßte und es so zum Brot eines römischen Neujahrstermins macht.

Markusbrot

Walpurgis

Der 1. Mai ist der Festtag der hl. Walpurgis, die Äbtissin des Klosters Heidenheim bei Eichstätt war. Walpurgisnacht ist zwar die Nacht der Hexen, aber der 1. Mai ist in erster Linie ein Tag des Fruchtbarkeits- und Segenzaubers. In der Oberpfalz kennt

Eierplatz

man am »Walperntag« den »Eierplatz«, einen etwa 4–6 cm dicken, fetten Eierkuchen.

Wadlerspende

Zur 700 Jahrfeier des Heilig-Geist-Spitals in München 1971 hat man noch einmal die mit der »Wadlerspende« des Jahres 1318 verbundene Brezenspende aufleben lassen. Mit dieser Wadlerspende hat es folgende Bewandtnis: Am 13. Juli 1318 verpflichtete sich das Heilig-Geist-Spital, die von dem Münchner Bürger »Burghard dem Wadler« gegebene Stiftung durchzuführen und jeden Montag den Siechen eine Mahlzeit in vorgeschriebenem Wert zu geben: »Auch seien sie verpflichtet an diesem Tag (Johannestag nach Weihnachten), um 3 Pfund Pfennig Brezen zu kaufen, deren man 4 um 1 Pfennig gibt, und jedem armen Menschen 2 Bretzen geben.« Daraus entwickelte sich die in München einst sehr volkstümliche Wadlerspende. Da der letzte der Familie Wadler in der Nacht des 1. Mai starb, wurde diese Spende später auf diesen Tag verlegt. Da ritt um Mitternacht vom Spital ein Mann auf einem Schimmel mit drei gelokkerten Hufeisen, damit es recht klapperte, auf die Hauptwache. Jedem, der es wünschte, schenkte er Brezen aus seinem Sack mit dem Ruf: »Ihr alt und junge Leut / Geht zum hl. Geist, wo man die Wadler Bretzen geit.« Im Spital bekam auch jeder, ob arm oder reich, kostenlos Brezen ausgeteilt. Später fand dieser Brauch erst morgens nach dem Gebetsleuten statt. Da aber die Menschen nie zufrieden sind und der Brezenreiter im Jahre 1801 das Pech hatte, nicht genügend Brezen dabei zu haben, wurde er vom Pöbel verprügelt, woraufhin die Polizei den Ritt verbot. Cosmas Damian Asam hat den Schimmelreiter im Deckengemälde des Mittelschiffes der Heilig-Geist-Kirche festgehalten. Man sah (das Fresko wurde im Krieg zerstört) den Kopf eines Schimmels, der von einem Mann mit einer Brezen in der Hand festgehalten wurde.

Die Chronik des Heilig-Geist-Spitals berichtet auch von der Brotspende des Benefiziaten Josef Hofgericht aus dem Jahre 1860/61. Hofgericht, ein Eigenbrödler und Sonderling, ließ aus eigenen, knappen Mitteln zu Ehren der Königin Maria von Neapel, der »Heldin von Gaeta«, die eine Tochter des Herzogs Max in Bayern war, Brot an Kinder verteilen.

Wir befinden uns jetzt in der Zeit zwischen Ostern und Himmelfahrt. Die in manchen Gegenden bekannten Brotlaiberl in Gestalt von Hasen, Lamperl und Tauben weisen auf das eine Fest zurück und auf das andere voraus.

Am »Auffahrtstag« wurde überwiegend »fliagats Fleisch« genossen, also Hühner, Tauben, Brathendl etc., und wo es das nicht litt, tat es auch ein Brotvogel. Die »Him-

Himmelsfahrtsvögel

melfahrtsvögel« sollten also die Auffahrt des Herrn symbolisieren, die in österreichischen Kirchen gerne in barockhafter Bildhaftigkeit dargestellt wurde, indem die Figur des Heilands an einem Seil aufgezogen wurde und durch die Dachluke verschwand. Durch die Öffnung wurde dann »Himmelsbrot« heruntergeworfen, um das sich die Buben balgten. Derartige Bräuche führten, wie sich denken läßt, zu einem Gerangel, welches der heiligen Handlung abträglich war, und daher schließlich verboten wurde.

Himmelsbrot

Im Allgäu war es übrigens keineswegs gleichgültig, in welche Himmelsrichtung der Heiland beim »Verschwinden« blickte, denn von dort waren die meisten Sommergewitter und Stürme zu erwarten. In Roßhaupten mußten in den Häusern, die in der Blickrichtung des auffahrenden Heilands standen, Küchlen gebacken werden. Die das Seil ziehenden Buben haben natürlich fleißig manipuliert: ». . . und dann hab ich immer gemacht, daß er o a bissele zu eis ra glueget hat, daß mer Küchle kriegt händ«, erinnerte sich mancher Allgäuer an die Kindheit.

Pfingsten

Pfingstwecken

Pfingsten ist neben Ostern und Weihnachten das dritte große Kirchenfest des Jahres. Im Bauernjahr und seinem Brauchtum kommt ihm große Bedeutung zu; seine Rolle im Brotbrauchtum ist allerdings verhältnismäßig gering. Die »Pfingstwecken« etwa, die im Schwarzwald die Kinder von ihren Paten erhielten, sind, so Dörfler, nur ein verspätetes Ostergeschenk, denn an Ostern liegt oft der Schnee noch so hoch, daß Osterbesuche manchmal erst Pfingsten möglich sind.

Santrigl

Einen eigenartigen Gebrauch um Pfingsten herum, bei dem wiederum das Brot eine Rolle spielt, kennen wir beim Spiel des Pfingstlümmels, einem altheidnischen Brauch, der nach der »Bavaria« eine »Verherrlichung des Sieges des Sommers über den Winter« bedeuten soll. Bei diesem Spiel sammeln berittene Burschen Brot, Eier, Butter und Mehl ein. Aus diesen Gaben werden riesige Küchel gebacken, die die »Santrigelbuben« im Laufe des Festes verzehren. Santrigl ist eine uralte bayerische Naturalspende an die Weidehirten, die diese in einem Umritt erbaten: »ain laib prot zw einem sant trügl«, wie aus einer Handschrift von 1519 überliefert wird. Diesen Brauch gab es bis ins 19. Jahrhundert.

Himmelbrotschutzen

Einen interessanten Brauch übt man schließlich alljährlich am Fronleichnamsfest im österr. Oberndorf an der Salzach aus, das »Himmelbrotschutzen«, bei dem von einer Zille aus vier unkonsekrierte Hostien nach der Verlesung des vierten Evangeliums in den Fluß »geschutzt« werden, was zugleich vor Hochwasser schützen und den Fischereiertrag erhöhen soll.

Michaelsbrot

Eine Besonderheit an Fronleichnam ist auch das »Michaelsbrot« im Allgäu, das zur Unterscheidung zum Brot des Miachaeltages »Herrles-Michel« heißt.

Oberndorfer Narr beim Auswerfen der Brezen in der alemannischen Fasnet.

S. 59: In vielen Gegenden war es früher üblich, daß die Brautmutter – hier eine aus Schmidmühlen in der Oberpfalz – Kücheln an die Kinder verteilte, während sich die Gäste zum Hochzeitszug aufstellten.

S. 60: Alljährlich am 1. Sonntag im September wird an der Gochsheimer Kirchweih immer noch der Plantanz aufgeführt, als Dank der Stadt für die im Westfälischen Frieden erhaltene Reichsunmittelbarkeit. Dabei tragen die sogenannten Plangesellen einen Kuchen, der die Form eines doppelten Adlers hat, und eine Kanne Wein. Kuchen wie Wein werden bei der Eröffnung des Plantanzes gereicht.

Zentrale Figuren beim Imster Schemenlauf sind die Laggescheller und Laggeroller. Letztere tragen – wie die alemannischen Fasnetfiguren auch – auf Stäben aufgesteckte Brezen mit sich.

Sonnwend bis Kirchweih

Sonnwend Am 24. Juni, Johannestag und Sonnwend, ist wohl das Anstecken des Sonnwendfeuers der wichtigste Brauch. Im Brotbrauchtum findet der nun reife Holler Verwendung, Hollerküchel denn Hollerkücheln dürfen in keinem Haus fehlen. Wer reichlich davon ißt, bekommt das ganze Jahr kein Fieber. In der Oberpfalz feiern alle, die Hans heißen, mit Schmalzgebäck ihren Namenstag. In Oberbayern bekamen die Ehhalten statt des Schmalzgebackenen dessen Wert in Geld, den »Krapfenzwölfer«.

Stellvertretend für die vielen Heiligen, die ihrer Mildtätigkeit wegen als Brotheilige gelten, sonst aber zum Speisebrauchtum keine tiefere Beziehung haben, sei Laurentius genannt, der Patron des Stiftes Kempten, der am 10. August seinen Ehrentag hat. In Laurentiusbrot der Pfalz wurde das Laurentiusbrot kirchlich geweiht und an die Armen verteilt. Auch hier spielt wieder der Seelenglauben eine Rolle. Denn der Legende nach steht es in der Macht des Heiligen, jede Woche eine Seele aus dem Fegfeuer zu erlösen, und die Armen vertreten ja im Volksglauben die Seelen.

Jetzt im August ist Erntezeit; Anlaß, Bräuche zu erwähnen, die mit dem Getreide in Erntezeit Zusammenhang stehen. Bei der Ernte läßt man ein Fleckchen Getreide stehen als segenbringendes Zeichen der Dankbarkeit. Es blieb den Vögeln, die hier den Wachstumsgeist symbolisieren oder nach einer anderen Version auch den Pferden des »Kornalter« »Kornalten«, mit dem Wotan gemeint ist. In die erste geerntete Garbe steckte man als Opfer für den Kornalten auch ein Stück geweihtes Brot. Die Wachstumskraft des »Alten« steckte jedoch besonders in der letzten Garbe, mit der die »Arntbraut« geschmückt wurde, die Dirn, die den letzten und den ersten Wagen auflud.

Das Kornbüschel, das man stehen ließ, wurde in Niederbayern zusammengeflochten »Oswald« und geschmückt. Das war »da Oswald«. In einer Handvoll Körner, die vom Oswald gestreift wurde, steckte geballte Wachstumskraft, daher wurden die Körner unter das Saatgetreide gemischt. Die Schnitter dankten dem hl. Oswald am 5. August, seinem Namenstag, wobei sie nicht wußten, daß mit Oswald eigentlich Wotan gemeint ist, der als Oberhaupt der Asen auch Aswalt heißt. Es gab auch eine »Kornalte«, die wohl als die Erdgöttin Freya angesprochen werden muß.

Der Abschluß der Erntezeit wird mit dem »Schnitthahn« genannten Erntefest gefeiert. Bauer, Gesinde und die als Erntehelfer eingestellten Schnitter setzen sich bei Kücheln und Bier zusammen. Das erste Brot aus der neuen Ernte aber trägt man feierlich zur Weihe in die Kirche, wie aus der Oberpfalz berichtet wird.

Wenn auch das Dreschen nicht in diese Jahreszeit gehört, sei es kurz angesprochen.

Denn in Aschaffenburg z. B. erhielt der »Scheueresel«, der Drescher, der den letzten Schlag tut, die »Alte«, ein Hefeteiggebäck in Menschengestalt. Im Lechrain und in Mittelfranken ist der letzte Schlag mit der »Sau« verbunden, einem echten Schwein, das der Drescher erhielt oder einem gebackenen Mutterschwein, der »Saufud«. Die »Bavaria« berichtet aus Oberbayern vom »Losküchel«, das oft »2–3 Schuh breit ist, mit Wachslichtern besteckt und mit dreschenden Bauern en miniature von Teig versehen«.

»Alte«

Losküchel

Gehen wir aber weiter im Jahreslauf, der an Besonderheiten im Brotbrauchtum den Sommer über nicht besonders reich ist. Es gibt da nur einzelne zeitliche und örtliche Eigentümlichkeiten, die wiederum zum Teil mit Heiligen verknüpft sind.
Noch aus jüngster Zeit (1956) wird aus Raas bei Brixen in Südtirol berichtet, daß am Ägidiustag, dem 1. 9., eine jährliche Brotspende an die Armen üblich ist, die durch ein Gelöbnis zur Rettung der von Feuer bedrohten Kirche entstand. Die dort ausgeteilten Fladen aus Roggenmehl heißen »Schüttelbreatln«.
Eine Südtiroler Brotspende ist uns noch aus dem Brixener Klarissenkloster an Maria Schnee überliefert. Die kleinen, runden »Schneebrötlen«, die es dort gab, entstammten wie ähnliche Brotspenden in vielen anderen Klöstern der Sitte, dem Stifter an seinem Sterbetag ein ehrendes Andenken zu wahren. Diese Spenden zogen oft viele tausende Bittende an, was nicht wundert, wenn man etwa einer Tiroler Regierungsumfrage von 1712 entnimmt, daß die Bauern nicht einmal das halbe Jahr über Brot zu essen hatten.

Ägidius

Schüttelbreatln

Schneebrötlen

Kräftigen »Lichtschmaus« (es mußte am Abend wieder bei Licht gearbeitet werden) mit Hammel, Gans und Ente hielt man am Michaelstag, dem 29. September, der einst als Zins- und Termintag und Dienstbotenwechsel ein wichtiges Datum war. Das Brotbrauchtum am Michaelstag ist in seinen Bezügen vielschichtig. Denn einmal ist er ein alter germanischer Neujahrstermin und der »Wasserburger Wecken«, ein gedoppelter Spitzwecken, wohl eigentlich ein Neujahrsbrot. Dann hat der Michaelstag Kirchweihcharakter in Gedenken an die Einweihung der Michaelskirche in Rom 493. Entsprechend gab es das »Michaelsbrot« bei den meisten Michaelskirchen, besonders aber in Gaißach bei Tölz, wohin der ganze Isarwinkel Brote am Kirchenaltar opferte. Wenn es stimmt, was Höfler berichtet, so verdankt der nahegelegene Ort Pfistern dem zum Dorfgewerbe gewordenen Backen seinen Namen.
Wichtig aber ist, daß das Michaelsbrot dem Erzengel auch als Totenführer gebührt, denn der Michaelstag gilt als Herbstnachtgleiche, in der bereits wieder die »Wildg'fahr« (die Wilde Jagd) so wütet, daß die Senner schon am Vortag mit ihren

Michael

Wasserburger Wecken

Michaelsbrot

Burkhardsweck

Herden die Almen verlassen. Daher wohl deutet Höfler auch den »Burkhardsweck« vom 14. Oktober als Besänftigungsgabe für die Geister, die Einfluß auf die Wintersaat ausüben. In Würzburg jedenfalls war es Sitte, sich unter Freunden mit dem ringförmigen Burkhardsweck einen guten Morgen zu wünschen.

Kirchweih

Kirta, der 3. Sonntag im Oktober, ist ein Tag der Gaumenfreuden. Am Samstagabend geht die Freud' schon an:

»A guater Kirta
dauert bis zum Irta (Dienstag)
er kann si schicka
a bis zum Micka (Mittwoch).«

Schmalzgebäck

Kein Gebäck kann in Menge und Vielfalt an diesem Tag den Kücheln, die es zu jedem Mahl gibt, den Rang ablaufen. Da gibt es Schneeballen, Apfelküchel, Hasenöhrl, Salbeiküchel, Hefeküchеln, Schuchsen, Auszogne, Singet, Striezel, Zimtstriezel, Fensterküchel und viele mehr, daneben Datschi mit Äpfeln, Zwetschgen und Zwiebeln. Es ist bestimmt ein Ehrentitel, wenn das schöne Augsburg ob seiner Zwetschgendatschi auch »Datschiburg« heißt. Nicht zu vergessen die köstlichen heißen Bavesen. Da läuft einem schon beim Schreiben das Wasser im Munde zusammen. An diesem Tag vergaß man die Toten ebenfalls nicht. Für sie wurde ein Löffel Schmalz oder gar eine Nudel, entweder die erste oder die letzte, ins Herdfeuer geworfen. Natürlich gibt es da wiederum Spendbrote für die Armen und auch über die Kinder kamen die Armen Seelen zu ihrem Teil.

Kierbezöpf
Bloats

Eine Spezialität der Gegend um Lauben und Berwang im Allgäu sind die großen »Kierbezöpf«. In Nordbaden wurde beim Brotbacken ein »Bloats« genannter flacher Kuchen mit eingeschoben, der mit Zwetschgen, Zwiebeln oder Topfen belegt sein konnte. Eine Delikatesse ist in der Oberpfalz der Kirchweihkuchen, ein deftiger Käsekuchen, der viel verschenkt wurde.

Von Allerheiligen bis Martin

Im Volksglauben der meisten Völker war die Vorstellung verankert, die Verstorbenen müßten genauso wie die Lebenden Nahrung erhalten, die ihnen zu gewissen Zeiten geopfert werden muß. Besonders die Zeit der Jahreswende, die verschiedenen Neujahrstermine, von denen wir ja schon berichteten, und die spätherbstlich-winterlichen

Wochen gehören dem Totenkult. In der Regel gilt die Spende den Toten des eigenen Kirchspiels allgemein. Oft wird aber dem Andenken einzelner oder mehrerer Verstorbener, meist aus der Familie, eine Brotspende an die Armen gewidmet. Besonders häufig ist diese Totenspende aus Klöstern überliefert. Herzog Tassilo selber soll der Sage nach die Brot- und Fleischspende im Kloster Kremsmünster gestiftet haben, zu Ehren seines Sohnes Gunther, den an dieser Stelle eine Wildsau tötete. 1765, acht Jahre bevor die Spende eingestellt wurde, sind dort noch 23 881 Menschen verköstigt worden. Dem Seelenheil ihrer Verwandten, die in einer Schlacht gegen die Hunnen gefallen waren, stiftete die Gräfin Adelindis aus dem Geschlecht der Andechser im Kloster Buchau bei Biberach eine Brotspende, zu der aus der ganzen Umgegend Tausende von Menschen kamen.

Brotspende für die Toten

s. S. 90

Kulminationspunkt des Totenbrauchtums ist das erst 998 eingeführte Allerseelenfest zusammen mit dem vorangehenden Fest Allerheiligen. Glaube und Brauch dieser Tage hat Peter Rosegger für die Zeit um 1900 aus eigenem Erleben geschildert: »Im steirischen Oberland herrscht eine Sitte, vielleicht der zahlreichen alten Sitten beste. Im steirischen Oberland kommt im Spätherbst, wenn die Natur ihre Gaben verteilt hat, der Arme zum Wohlhabenden und bringt einen leeren Sack mit. Da wird das Fest aller Heiligen zum Fest aller Armen. Es ist erfreulich zu erzählen. Schon ein paar Tage vor dem Allerheiligenfeste geht ein sonderlicher Geist durch Haus und Hof. Jedes Haus schaut aus wie eine große Bäckerei. Der Bauer streicht durch die Kornkammer, die Bäuerin herrscht in der Küche und schafft selbst wacker mit beim Kneten und Backen, und der Bissen des neuen Brotes, welchen sie zur Probe verzehrt, ist wohl der einzige den ganzen Tag. Ihr Herz ist gesättigt vom Brote, das andere essen werden.

Seelgeher

Mehrere hundert Brotlaibe werden gebacken, bereitet zum Verteilen. Am Vorabend des Allerheiligenfestes nun ziehen die Armen in ganzen Familien scharenweise von Haus zu Haus, von Ort zu Ort, und jedes hat seinen Sack oder seinen Korb. Und der Knabe, der unter den Füßen herzappelt, und selbst das Kind, das die Mutter auf dem Rücken schleppt, trägt sein Säckchen, sein Körbchen. Sie kommen ins Haus, sie stehen an der Türschwelle, sie grüßen mit dem vielstimmigen Ruf: „Bitt gar schön um einen Allerheiligenstriezel!“ Da wird geteilt und jedes bekommt sein Laibchen, das Kind wie der Mann.

Ist Gottes Segen gewesen im Hofe, und hat die Hausfrau im letzten Jahr hindurch viel Butter und Schmalz gewonnen auf der Alm, so opfert sie nicht den Göttern, sondern ihren armen Brüdern und Schwestern. Sie ladet die „Striezelbettler“ zu ihrem Tisch und setzt Sterz und Schmalzmus vor. Die Leutchen lassen sichs schmecken. Gott segne ihnen den fetten Bissen, sie haben ihn des Jahres nur einmal. Es bleibt kein Stäubchen und kein Tröpfchen in der Schüssel; nun legen sie die Hände an den Rand und sagen den Segensspruch:

Schmalzkochbäuerin, wir danken dir!
Glück und Segen für deine Küah!
Glück und Segen für Haus und Stall
und für deine Hühner und Kinder all!
Vergelt's Gott, Schmalzkochbäuerin

Das ist ein kräftiger Spruch, der bleibt hängen in der Luft und bringt Gedeihen. ›Vergelts's Gott, Allerheiligen!‹ rufen sie nochmals und ziehen ab, ziehen zur nächsten Tür. Es ist eine Freudigkeit in den armen Leuten: die Säcke und die Körbe werden schwer, geben viel zu schnaufen, aber das Herz jauchzt vor Freude und der Magen darf sich neuen Hoffnungen hingeben für die Zukunft. Der Bauer reicht dieses Almosen gern und je mehr »Allerheiligenstriezelbettler« beteiligt werden können, desto freudiger leuchtet sein Auge. Selbst der Knicker, der Wucherer, gibt diese Gabe fröhlich, denn es herrscht der Glaube, daß eine große Anzahl von Heiligenstriezelsammlern die Vorboten eines reich gesegneten Jahres seien. Jedes »Vergelt's Gott, Allerheiligen:« – sagt der Landmann – ist für das Kornfeld mehr wert als ein Fuder Dünger.
Es geschieht zuweilen, daß aus Mangel an Sammlern von dem reichen Vorrate etwas übrig bleibt oder gar, daß wegen Mißliebigkeit des Bauern dessen Haus von einzelnen übergangen wird. Das ist ein Schlag; das verdirbt dem betreffenden Bauern allen Appetit an dem stattlichen Mahl, das er sich und den Seinen an diesem Tag vorsetzen läßt.
Ja, der Glaube an den Segen des Allerheiligen-Almosens geht in manchen Gegenden so weit, daß der Bauer selbst, und wäre er auch wohlhabend, mit Weib und Kind zu den Toren der Nachbarhöfe geht und um Striezel bittet. Gegenseitig betteln sie sich an und reichen sich die beanspruchten Striezel, wenn sie ihrer auch nicht bedürfen, aber das Almosenbrot nehmen sie doch und tragen es heim und halten es in Ehren.«
Nicht immer aber ging es so idyllisch zu, denn manchmal trugen die Seelgeher so viel Brot mit heim, daß sie es als Schweinefutter hernehmen mußten, um es überhaupt aufbrauchen zu können. Es kam aber auch vor, daß das Brot, das die Bauern hergaben, so ungenießbar war, daß es von vornherein nur als Schweinefutter taugte. Am Attersee machten einmal die Burschen und Mädchen diesen Geiz mancher Bauern publik, indem sie sich unter die Seelgeher mischten und hernach das schlechte Brot, das sie bekommen hatten, im Wirtshaus allen vorzeigten.

In Bayern stellte man in den Kirchen die »Seelnäpfe«, gefüllt mit Korn, Mehl etc. auf und legte für die Seelgeher »Seelzöpfe«, geflochtene, weiße Wecken, auf den Seitenaltar. Im niederösterreichischen Waldviertel legte man die Striezel auf Strohbänder, mit denen dann im Winter die Obstbäume umwunden wurden.
In manchen Gegenden bekam der Schulmeister, der den Weihbrunnen zum Besprengen der Gräber versorgte, einen Seelnapf als Lohn. Den Seelenzopf erhielten die Kinder von Paten oder Großeltern. Ein Oberpfälzer Dankspruch, aufgeschrieben 1915, lautet: »(Gelobt) Sei's (= Sei Jesus) Christus um a Spitzel, / Mei Vater is a Gobersack, mei Muatta is a Ritzl, / Gebt ma fei niat z'viel und niat z'weng, / Daß mei Sackl niat z'sprengt.«

Seelwecken für Patenkinder (Zopf)
Seelenlaibl für die Armen
Seelenlaib für die Dienstboten

Knaufgebäcke wie die »Bubenschenkel« oder »Totenbeindl«, die Höfler noch als Ersatz für Tieropfer deutet, legt Burgstaller als memento mori aus, als Erinnerung an die Toten, die zu Allerseelen unter den Lebenden sind.
Im Lechrain gingen die Leute in ihr Heimatdorf, wo Eltern und Geschwister ihre Ruhestätte hatten, und opferten auf einem Seitenaltar Seelnapf und Seelenzöpfe, die dann der Mesner erhielt. Der Seelenzopf war mitunter »drei Schuh« lang. Der Seelenwekken, den die Armen und die Kinder bekamen, war von minderer Qualität. Eine Berchtesgadener Sonderform des Seelzopfes war das »Stuck«. Es hatte Tafelform und bestand aus zwei Zeilen von je 4 Stuck. »In den Teig aus Mischmehl werden reichlich Gewürz und Weinbeeren gemengt. Bei den Bauern ist das Stuck ganz schwarz und ohne Weinbeeren, doch dafür mit Zimt und Pfeffer gemischt.« (Kriss)

»Stuck«

Die Seelenbrezen pflegte man ans Grabkreuz zu hängen. Aus Hallein ist die Ausübung dieses Brauches noch aus dem Jahre 1960 überliefert. Auch in Augsburg kennt man noch heute die Allerseelenbrezen, man hängt sie jedoch nicht mehr an das Grabkreuz. Im »Augsburger Jahreinmal« wird sie erwähnt:

Seelenbrezen

»Der Wintermonat hat das Recht,
Daß man viel Seelenbrätzen bächt
Und damit als mit raren Sachen
Pflegt andern ein Präsent zu machen.«

Daß die Seelengeher Wesen aus einer anderen Welt darstellen sollen, dokumentiert sich teilweise durch bewußt groteske Mimik, durch Masken und mitgetragene Stäbe mit Tierköpfen mit beweglichen Kiefern, z. B. Ziegen, Pferde und Hunde oder aber durch die verstellte Stimme, mit der sie ihre Sprüche aufsagen, von denen einige wiedergegeben werden sollen. In Bayern und Österreich hieß es beispielsweise:

»Bitt gar schön um an Seelenweck,
aber fei an weißn,
an schwarzen kann i net dabeißn,
aber fei an langa,
an kurzn kann i net daglanga.«

Seelwecken Die besseren Seelwecken aus weißem Mehl waren für die Armen des Dorfes, für die Fremden taten es auch einfachere, schwarze.

Krapfenschnapper Daß auch der Krapfen als Totenbrot zu Ehren kommt, zeigt sich ebenfalls besonders in Sprüchen aus Österreich, wo die Krapfenschnapper umgingen, die mit langen Stangen die Krapfen »schnappten«.

»I bitt enk, gebts ma a Pfrapfl!
I bi soviel an arms Zapfl!
Gebts ma an Pfannafleck,
Sist geah in enk nimmer weg!
Gebts ma an Löffel voll Füll
Na'r bi i wieda a Weilele still.
Wenn du miar kuans gibst, so soll ma di überschi,
untarschi in Raach
Anihänga und drunta a Suppn anbrenna!«

Genauso derb konnte der Dank ausfallen:

»I bedank mi für die Krapfn, für den guatn Willn!
Dös hätts schon besser gmörg fülln.
Da isch nischt wias laare Feal,
Kua Oar dran und kua Meahl.
I bitt enk, Vater, leicht miar a Beil oder an Zapi
(Holzfällerwerkzeug),
Sünst bring i dö Dinger ninderscht hin.«

In Südtirol heißt es:

»Du mei liaba, liaba Bäurin!
I bitt um a Krapfl, um a Krautas, um a tschottnas,
um a langis,
Um a grüans, um a magers, um a sauers,
Am liaigschtn aber war mer a ganz schians.«

Den deutlichsten Hinweis darauf, daß mit dem Seelenbrot den Armen Seelen im Fegfeuer Linderung geschafft werden soll, geben die »Pischelesinger« im österr. Ahrntal. Das sind in Weiß gekleidete Burschen – zumindest tragen sie weiße Spitzmützen – die im Namen der Armen Seelen um eine Gabe bitten. Die erste Strophe ihres Liedes lautet: »O Christ, / wo bist?/ Schau, daß d' der arm'n Seeln nit vergißt!/ Die sitzen in Flammen,/ schlagen die Hände zusammen/ und rufen: o Kind,/ hilf geschwind!«

Pischelesinger

Koren bringt den Hinweis auf die kultischen Gemeinschaften der Germanen, die früher stellvertretend für die Toten derartige Heischegänge unternahmen, und deutet den Zusammenhang mit Perchten, Faschingsrennern, Schemenläufer etc. an.

Aber Allerseelen hat auch im Liebesbrauch seine Bedeutung. Denn wenn der Bursch seinem Mädchen ein riesengroßes »Seelnspitzl« schickte oder gar selber brachte, dann galt das als Heiratsantrag. Zum Heiraten war es eh höchste Zeit, denn die für Hochzeiten verbotene Adventszeit rückte näher.

Seelnspitzl

»Zu Kathrei
Hat jeder die Sei.
Hat er's nicht.
So kriegt er's nicht.«

Von Bedeutung vor allem für die Jäger ist noch der 3. November, der Hubertustag. Hubertus wurde auf Grund der Darstellungen, die ihn in Jagdszenen von Hunden umgeben zeigen, zum Patron gegen Tollwut. Schutzwirkung verspricht man sich hier insbesondere vom Hubertusbrot, das man den Tieren gab.

Hubertusbrot

Der hl. Martin schließlich, dessen Gedächtnis am 11. November gefeiert wird, ist der letzte große Heilige im Jahr, der in Zusammenhang mit dem Brotbrauchtum steht. Am Martinstag gibt es die »Martinsbrezen« und »Martinshörner«, die eigentlich eine Nachbildung des Hufeisens vom Pferd des Heiligen sind. Daneben hat man besonders im Ansbachischen die Martinswecken, auch »Martinsspitz« oder »Martinsgeigen« genannt, die in Scheiben geschnitten als Martinsschnitten bekannt sind. Besondere Bedeutung haben Martinsbrote vor allem an Orten, die den Heiligen als Patron verehren. In Martinszell im Allgäu z. B. gab der Kirchenpfleger die »Martinslaible« in Auftrag, eine Art Semmeln, die in der Kirche verteilt oder auch verkauft wurden. Sie schützen angeblich vor Blitzschlag.

Erwähnenswert ist schließlich noch der Brauch des Krapfenbettelns, der alljährlich in Pfunders ausgeübt wird. Maskierte Burschen gehen von Haus zu Haus und bitten mit verstellter Stimme um die »Sauern Krapfen«. Ursprünglich einmal wurden diese Krapfen an die Armen des Dorfes verteilt.

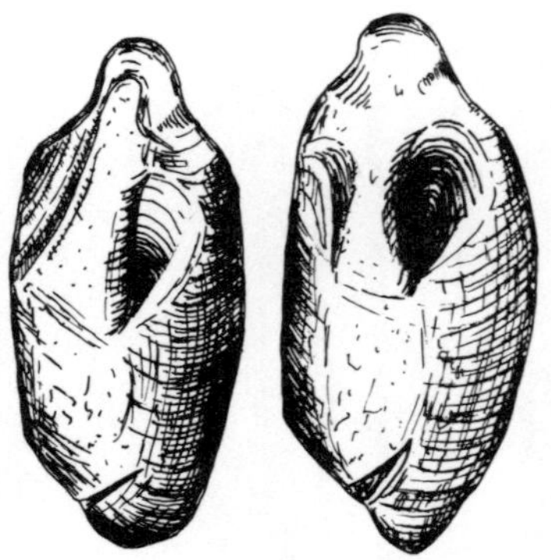

Martinsschiffle, ein Martinsgebäck aus Gnadenthal bei Weinsberg in Württemberg

Brotbrauchtum im Lebenslauf

Von Geburt und Taufe

Nichts ist auf einem Bauernhof erwünschter, als die Geburt vieler gesunder Kinder. Aber wohl selten lauern so viele Gefahren durch die Drud und die Hexen, als bei Schwangerschaft und Geburt. Daher darf besonders während der Zeit des Wochenbettes nichts aus dem Haus geliehen werden und schon gar kein Brot. Beim Backen soll die Schwangere ein Stück Teig ins Herdfeuer werfen, um die Schutzgeister des Hauses günstig zu stimmen.

Sogar beim Gang zur Hebamme, zu »Wehmuater« steckt man zur Hexenabwehr gern ein Dreikönigsbrot in die Tasche. Und zur Erleichterung der Geburt soll die Frau geweihte »Kapuzinersemmeln« essen oder in der Schweiz das »Tolentin-Brot«, denn der hl. Nikolaus von Tolentino wurde in schwerer Krankheit von Engeln mit geweihtem Brot gestärkt.

Kapuzinersemmeln
Tolentin-Brot

Damit das Neugeborene in seinem späteren Leben nie Hunger zu leiden hat, war es in ganz Süddeutschland üblich, dem Kind Brot, Käse oder sogar Kohlen in die Windeln zu wickeln. Über derlei Bräuche ist auch bei Jeremias Gotthelf nachzulesen: »Als man das Kind zur Taufe fätschete, band Anne Bäbi ein dünnes Scheibchen Brot und ein dito Käse ein und sagte: He nu so de, su wirst öppe Gottel nie Mangel leiden, sondern geng öppe gnue z'ässe ha.«

Nach Berner Brauch hatte die Mutter dem Täufling drei Gerstenkörner in die Windeln zu wickeln und drei Weizenkörner in die Taufscheine einzubinden, die die Paten dem Kind ausstellen. Zum Kindlmahl, dem Taufmahl, wurde besonders Weißbrot geschenkt, das dann gerne für die Schnuller hergenommen wurde. In der Oberpfalz war bei dem dort »Dämmerlbrot« genannten Brot auch Käse dabei, denn das Essen von Käse verhilft den Buben zu starkem Bartwuchs.

Dämmerlbrot

Nach der Geburt geht die Frau zum Vorsegnen, da sie nach dem 3. Buch Moses als unrein gilt und erst nach einem bestimmten Zeitraum und nach Darbringung eines Opfers vom Priester als rein erklärt werden kann. Dabei war es üblich, den Mesner mit zwei Eiern und zwei Semmeln für seine Arbeit zu belohnen.

Nach dem Vorsegnen kann die Hebamme entlassen werden, wobei sie neben anderen Gaben Brot erhält oder, wenn auch mehr in bürgerlichen Familien, einen Krebs aus

Wochenbettbrot

Lebkuchen. Als Wochenbettbrot kannte man auch einen Napfkuchen in Schildkrötenform.

Krebs und Kröte

Krebs und Kröte spielen im Volksbrauch bei Empfängnis und Geburt eine große Rolle. So wird die Gebärmutter bei Votivgaben oft als Kröte dargestellt, was auf dem alten Volksglauben beruht, daß die Gebärmutter im Körper der Frau herumwandere.

Spätestens acht Tage nach der Geburt kommen die Gevatterinnen und die Frauen aus der Nachbarschaft, um die Wöchnerin zu besuchen, zum »Weisat« (von visitatio). Als Geschenke bringen sie Zucker, Kaffee, Eier, Lebkuchen und Weißbrot. Aber der Höhepunkt des Weisatgebens ist der »Weisatwecken«, den es in Oberbayern gab und hie und da sogar noch gibt. Das ist ein Wecken aus Weizenmehl, der ganz beachtliche Ausmaße hatte – bis zu vier Metern – und unter Anteilnahme des ganzen Dorfes mit viel Zeremoniell zum Haus der Wöchnerin gebracht wurde.

Weisatwecken

Am Ziel angelangt, übergab man den Wecken mit einem feierlichen Begrüßungsspruch, der wie dieser Vers vom Samerberg angehen konnte:

»Grüaß Gott, ihr Frauen und auch Herrn,
ihr kommts von naxt und a von fern
und wollts, wie das sooft geschehn,
den neuen Weisatwecken sehn.
Ihr fragt, was soll der Wecken sein?
Ihr Musikanten stimmet ein!
Im . . . hof hat über Nacht
der Storch an jungen Bauern bracht.
Das freut die ganze Dorfschaft sehr,
ihr Burschen, druckt's enk alle her,
wir wollen alle fröhlich sein
und ihm ein lautes Vivat schrein.«

Danach wird der Weisatwecken an die Armen verteilt.

Kindlbrot

Das Kindlbrot, das es beim »Weisatkirtamehl«, dem Festschmaus etwa drei Wochen nach der Weisat gab, war sehr weiß, feinmehlig und oft gewürzreich, wie der ehemals sehr beliebte »Ulmer Kuchen«, der mit Anis gewürzt war und den man als gebähte Schnitten aß.

Ein besonderes Schmankerl gab es beim oberbayerischen »Semmelbeißen«: die Nachbarinnen hatten semmelartige Weißbrotlaiberl gebacken, die ausgehöhlt und mit Kletzenbrühe gefüllt wurden. Alle Kinder der Nachbarschaft bekamen von diesem Kindlbrot. Man hat diese Laiberl auch mit Schnaps gefüllt, dann allerdings natürlich für die Männer. Eine solche Schnapssemmel erhielt im übrigen auch der Sargträger bei einer Kindsleich.

Patenbrot

Im weiteren Lebenslauf müßte jetzt eigentlich von den Patenbroten die Rede sein. Aber darüber wurde bereits bei den wichtigsten Schenkterminen gesprochen, wie Allerseelen, Ostern, Nikolaus, Weihnachten und Neujahr. Meist waren diese Brotspenden bis zum 14. Lebensjahr üblich, wobei der Wecken mit wachsender Selbständigkeit des Kindes jährlich kleiner wurde. Nur zur Firmung gab es nochmal einen besonders großen Patenwecken.

Geburtstagskuchen

Weniger Bedeutung als in bürgerlichen Kreisen hatte für den Bauern der Geburtstagskuchen, der als Opferkuchen schon bei den Römern nachgewiesen ist, die den Geburtstag als Ahnengedenktag feierten. Ein Mißlingen des Kuchens bedeutete Unglück oder gar den Tod. Aber im bäuerlichen Brauchtum des südd. Raums kommt dem Geburtstag nicht viel Bedeutung zu. Da ist der Namenstag wesentlich wichtiger.

Allerlei Liebesbräuche

Machen wir einen Sprung im Lebenslauf bis in jenes Alter, in dem man sich nachhaltig für das andere Geschlecht interessiert. Es gibt da einige Rezepte, wie man Gegenliebe erzeugen kann. Ein ganz besonders altes und besonders amüsantes berichtet Grimm aus dem Mittelalter. Da mußte die Person, die geliebt werden wollte – es handelte sich in allen Berichten um Weiberleut – ihren nackten Körper mit Honig beschmieren und sich dann auf Weizenkörnern wälzen. Die Körner wurden abgesammelt, in einer

Liebesbrote

Mühle gemahlen und aus dem Mehl ein Brot gebacken, das unweigerlich Gegenliebe bei dem erzeugte, der es geschenkt bekam. Die Tiroler Volkssage kennt dafür ein »Heiratspulver«, das in den Teig der Krapfennudel gemengt wurde. Man kann sogar den Hofhund an seinen Herrn fesseln, wenn er ein Brot zu fressen kriegt, in dem Schweiß und Haare seines Herrn verbacken sind. Recht unappetitlich kommt es einem vor, wenn man von dem Liebeszauber hört, der von Brot ausgeht, das mit dem Schweiß von Achselhöhle oder Schamgegend getränkt ist oder gar mit Menstruationsblut gebacken wurde. Aber ersteres ist ein alter Übertragungszauber, und die Menstruation war im Glauben aller Völker schon immer ein geheimnisvoller, magischer Vorgang. Ein altes Liebeselexier ist auch Ohrenschmalz als Brotaufstrich.

Wenn aber einmal Liebe und Gegenliebe da sind, so genügt es in Schwaben, wenn das Mädchen vom täglichen Brot das Scherzel ißt, dann bleibt ihr der Schatz treu. In

Oberbayern wurden den Mädchen Eierweckerl mit einem Spalt geschenkt, die Burschen erhielten längliche Kipferl. Die wohl eindeutig erotische Symbolik dieser Geschenke ist in so manchem Schnadahüpfl besungen worden.

Allerseelenspitzl

Das Schenken eines »Allerseelenspitzls« als Heiratsantrag und das Schenken und Anschneiden von Kletzenbrot während der Weihnachtstage, besonders am Stephanstag als Verlobungsbrauch wurde schon erwähnt:

»Deandl, du host halt an Zelt'n
voll Nuss'n und volla Zibebn,
vui süaßa aber is no dei Herzl,
des is erst mei Freud und mei Leb'n!«

geht ein Gstanzl von Samerberg, und ein anderes lautet:

»Um d'Reisacher Lies
is's ganz Johr a Griß.
Aber beim Zeltenoschneidn
hat's alloa müassn bleim.«

Brotscherzel

Das Scherzel des Kletzenbrotes wickelte im Salzburgischen das Mädchen seinem Liebsten in ein weißes Tuch, auf dessen vier Ecken mit rotem Garn Verse und der Name der Geberin eingestickt waren. In solch ein Tuch waren auch die rotgefärbten Eier zu Ostern und die Krapfen zur Kirchweih verpackt.

Lebkuchenherz

Das Lebkuchenherz mit aufgeklebter oder aufgespritzter Liebesbeteuerung ist nach wie vor beliebt, wenn man die Sprüche auch nicht mehr so ernst nimmt wie früher. Diese Form geht wohl nicht über das 17. Jahrhundert zurück, und schon deshalb wäre es wohl verkehrt, hier nach tieferer Bedeutung zu suchen. Allerdings gibt es auch Thesen, daß es sich beim Lebkuchenherz um gar kein Herz handeln soll, sondern um eine Vase als Seelengefäß. Daß mit dem Lebkuchenherz mehr Spaß als Ernst verbunden ist, geht auch aus einem Schnadahüpfl der Nordsteiermark hervor:

»Wenn a Steirabua auf'n Kirchtag geht,
Und beim Lebzeltenstand a saubers Dirndl steht,
Schleicht si' hin da Bua und macht an Witz und Scherz
Kauft von Lebzelt ihr a g'malns Herz.

Und am Herzerl aba is a Verserl druckt,
Wia des Dirndl glei aufs Zetterl guckt,

Ob von Liab ni steht oder Heirat gar,
Denn was 's Herzerl sagt, das wird a wahr.

Wia sie z'Haus is kemma, hat sie 's Dirndl g'schreckt,
Denn zum Herzerl hat da Bua a Kinderl g'legt,
Wissat selwa gern, wie 's mit'n Herzen wär,
Ob a Buaberl wird wohl übers Jahr.« (Nach Höfler)

Von der Hochzeit

Die Brotbräuche um die Hochzeit, von denen sich auch noch heute verhältnismäßig viele erhalten haben, gehören mit zu den schönsten. Sie alle zu schildern würde allerdings den Rahmen dieses Buches sprengen, und so können wir uns hier nur auf die wichtigsten beschränken.

Waren sich die Parteien nach der Verlobungszeit noch immer einig, wurde der Hochzeitsvertrag mit Handschlag besiegelt. »Handschuhe« als Modelgebäck sind daher Symbol dieser Geste. Nun konnte der Hochzeitslader seine Arbeit tun. Er ging von Hof zu Hof und seinem Ladspruch konnte man oft bereits im voraus entnehmen, welche Genüsse einen beim Hochzeitsmahl erwarteten: »Die langen und die kurzen Krapfen, die fliegen über die Tische wie Tannenzapfen« (aus Tirol). Als Lohn für seinen Spruch wurde dem Hochzeitslader Wein, Butter, Eier und »Hasenöhrl«, Krapfen also, angeboten. Da er auf jedem Hof, auf den er kam, davon essen mußte, stellte das Hochzeitsladen einige Ansprüche an die Konstitution des Hochzeitsboten.

»Handschuhe«

Hochzeitsbrote

Das Hochzeitsbrot gilt als Heilbrot. In Niederbayern heißt es »Kastelbrot«, denn man hebt es im Wandschrank für Notfälle auf. Schimmelt es zuerst auf der Unterseite, stirbt als erste die Frau, schimmelt es oben, geht ihr der Mann voraus. Im Schwäbischen war das Hochzeitsbrot mit roten Wachssträngen umwickelt eine Gabe an die Ministranten; dabei steht die Farbe rot für Liebe und Hochzeit und das Wachs, ein Erzeugnis der im Volksglauben heiligen Bienen, für Fruchtbarkeit.

Wird das Hochzeitsbrot von der Braut selbst gebacken, ist es besonders segenbringend und fruchtbarmachend, denn der Hochzeitsgast, der davon ißt, hat am Segen teil, der auf der Braut ruht. Segen wünscht man andererseits auch der Braut, indem man ihr Lebkuchen mit Symbolen wie Liebespaaren, Kindern, dem Storch und ähnlichem schenkt.

Platz-Kuchen

Der Wunsch nach vielen Kindern äußert sich besonders im Ansbacher Hochzeitskuchen, der »Platz-Kuchen« heißt, was von lat. placenta kommt.

Im Burgenland kennt man den »Hochzeitsbaum«, einen gezimmerten, laubgeschmückten Baum mit drei Gipfeln, der über und über mit Backwerk behängt ist. Am mittleren Gipfel hängen eine gebackene Wiege und ein gebackenes Kind als Segenswünsche für die Braut. Segen soll auch den Hochzeitsgästen zuteil werden durch die riesigen Kränze, die man in Österreich den »Jungherren« und den »Jungfrauen« unter den Hochzeitsgästen schenkte. Es gab aber genauso geflochtene und verzierte Zopfgebäcke in Herzform für die Burschen und in Kranzform für die Mädchen.

Hochzeitsbaum

Die Tiroler Brauttorte ist der Braut allein vorbehalten. Obenauf oder im Inneren befinden sich zahlreiche kleine Puppen, die auf die gewünschte Nachkommenschaft hindeuten. Aber es gibt noch manche solcher mehr oder weniger direkten Anspielungen im Speisebrauch. So bezeichnet Höfler z. B. die »Eier und Schmalz«-Gerichte, die es in Tirol und Bayern nach der Brautnacht gibt, geradezu als »obszön«. In manchen Hochzeitsgebäcken sieht Höfler aber nicht nur Fruchtbarkeitssymbole, sondern ebenso Opfer für die Seelen. Vielleicht sind auch die Kinder als Seelgeher zu deuten, die am Hochzeitsmorgen in der Oberpfalz an das Hochzeitshaus kamen, spitze Stecken in die Fenster hielten und riefen:

Brauttorte

Zopfgebäck

»Recke, recke Spieß,
Ein Küchle ist mir g'wiß,
Steckt mir eins an,
Dann lauf ich auf und davon.«

Meist beim Zug in die Kirche, aber auch schon beim Einholen der Braut war es üblich, den Weg zu sperren oder zu »klausen«, wie man in Tirol sagt. Dabei mußte der Brautführer viel Witz und Schlagfertigkeit beweisen, denn er wurde von den Klausnern in Versen angesprochen und mußte aus dem Stegreif ebenfalls in Reimen antworten. Der Wagen durfte erst passieren, nachdem die Sperre durch Brot- oder Kuchenspenden gelöst war. Später hat man dieses Opfer durch eine Geldspende ersetzt. Küchel und Zuckerwerk gab es nur noch, wenn Kinder den Weg sperrten. In Bregenz hat man den Brauch 1786 verboten, da es sich um eine »abgezweckte Gelderpressung« handelte. In Wirklichkeit hatte diese Sitte ihren guten Sinn jedoch darin, daß die Braut damit symbolisch aus der Gemeinschaft der Ledigen herausgelöst und in die neue Gemeinschaft aufgenommen wurde.

Wegsperre

s. S. 92

Die Pferde vor dem Wagen, auf dem die Braut das elterliche Haus verläßt, bekommen Brot: »In manchen Gauen Altbayerns, so zwischen Lech und Isar, geht die Braut vor der Abfahrt von dem elterlichen Haus unbegleitet zu den Pferden und füttert sie mit Brot. Auf einem Porcellanteller legt sie für jedes Pferd einen Schnitt Brod mit geweihtem Salz bestreut, worunter Weihwasser gesprengt und Palmkätzchen gemengt sind. Hat jedes Pferd sein Stück verzehrt, so geht sie dreimal im Kreis um den Wagen und zerschlägt endlich im letzten Hinterrad den Teller in klirrende Scherben. Darauf wird sofort eingestiegen und unter Pfeifen und Trompeten schnell davongefahren.« (Lammert). Damit der Braut der Abschied von daheim nicht zu schwer fällt, bekommt sie

Gwöhnbrot

ebenfalls ein »Gwöhnbrot« mit, das wie das Heimwehbrot ein einfaches Hausbrot ist.

Eine sehr hübsche Schilderung von der Rückkehr des Hochzeitszuges aus der Kirche ins Haus des jungen Paares gibt es von Bauernfeind aus der Oberpfalz. Der Zug wird an der Haustür mit einem Laib Brot und einem geschmückten Maßkrug empfangen: »Der Bräutigam reicht der Braut den Laib Brot und das Messer, daß sie diesen anschneide. Sie macht über das Brot das Zeichen des Kreuzes, schneidet sich ein kleines Stückchen vom Rande herunter und tritt damit die Herrschaft über Küche und Keller an. Hierauf trinkt ihr der Bräutigam aus der schäumenden Maß zu, sie selber nippt nur an dem Kruge. Das bedeutet den Beginn des gemeinschaftlichen Haushaltes. Das abgeschnittene Brot hebt sich die Braut sorgfältig auf als ein Hilfs- und Heilmittel in den verschiedenen Nöten des späteren Haushaltes.«

In die neue Wohnung bringt man ja noch heute gerne Brot und Salz mit. Ursprünglich mag das ein Zaubermittel zu Abwendung von Unheil gewesen sein, später aber galt und gilt dieser Brauch heute noch als Segenswunsch, damit das Brot nie ausgehen möge.

Glücksbrot

Spitzwecken

Eine Art Gemeinschaftsessen am Hochzeitsmorgen ist die schwäbische Suppe, die aus dem »Glücksbrot« gemacht ist, das die Braut von jedem erhielt, der zur Hochzeit eingeladen wurde. In der Steiermark und der Oberpfalz gibt es den »Spitzwecken«, einen Weißbrotzopf von 1½ bis 2 m Länge, der mit künstlichen Myrten, Rosen und Kerzen geschmückt und mit kleinen Gebäcken wie Hörndl und Schnecken verziert wird. Er gilt ebenso wie das Glücksbrot als ein Zeichen der Fruchtbarkeit.

In Coburg mußte die Braut dem ersten Kind, dem sie am Hochzeitsmorgen begegnet, Kuchen geben. Da sie aus dem Geschlecht des Kindes das ihres eigenen ersten Kindes sehen konnte, und da man meist einen Buben haben wollte, wurde vorsichtshalber die richtige Begegnung arrangiert und ein Bub herbestellt.

Das Brautstehlen bei der Hochzeit ist noch heute üblich. In Tirol stahl man sogar das Brautbett, bekam es allerdings mit Brot, Wurst und Eiern wohl gefüllt zurück. In Bruneck hat man gar die Hochzeitskrapfen gestohlen, wenn dazu Gelegenheit war.

Bei den Nachfeiern tat man sich an Eierspeisen, Fladen und Speckkuchen gütlich. Offenbar wurde dabei häufig zu ausgiebig gefeiert, denn der Nürnberger Rat sah sich genötigt, diese Nachfeiern und das Schenken von Kindersegen anzeigenden Modelgebäcken in einem Erlaß 1603 einzuschränken: »Nachdem auch einige Zeit hero diese Neuerung aufgekommen, daß die Marzipan, so man bisweilen bei den Hochzeiten und Hanschlagen aufzusetzen pflegt, mit allerlei köstlicher und doch unnothwendiger Zierd einem Schauessen gleich zugerichtet und aufgetragen worden, welche Zierd ungeachtet deren Niemand genießen können, oftmals mehr als die Marzipan selbst gekostet. Als will ein Ehrenvester Rath solche Zierd der Marzipan als einen unnützen Überfluß hiemit gänzlich abgestellt haben bei Straf 5 Gulden alss das wer hiefür der Marzipan sich gebrauchen will, dieselben ohne einige fernere Zierd auftragen lassen soll.«

Beugerl

Brot und »Beugerl«, halbmondförmige Gebäcke, wie sie auch heute in vielerlei Form vorkommen, wurden in Bayern und Österreich vom Kammerwagen, auf dem die Aussteuer der Braut zum neuen Heim gefahren wurde, geworfen, denn das bringt Glück. Weit verbreitet war auch die »Ehestandsbrezen«, die mit Zucker und Mandeln bestreut war. Da die Hochzeitswecken gern symbolische Anspielungen waren, hatten sie oft entsprechende Formen und Namen, wie der »Weißenburger Sackschlupfen«, der wie ein Sack geformt und ein phallisches Symbol ist und die »zerschnittenen Hosen«, zweischenkelig ausgefranste Teigstreifen, die man in Coburg kennt.

Ehestandsbrezen
Hochzeitswecken

In England gibt es übrigens einen Hochzeitskuchen, dessen drei Schichten eine amüsante Bedeutung haben: die erste Schicht ist ganz und gar süß wie die erste Liebe, die zweite Schicht ist auch süß, aber mit Mandeln durchsetzt, von denen manche bitter sein können, so wie bei der Verlobung sich schon der Ernst anbahnt. Die dritte Schicht ist wie die Ehe: süß, nahrhaft und schwer verdaulich.

Böhmische Brezenformen

Vom Sterben und dem Begräbnis

Noch im Mittelalter war es üblich, das Totenmahl am offenen Grab zu halten, und noch lange hat sich der Brauch gehalten, daß sich zumindest die »Seelnonn« während des Leichenschmauses ans Grab setzt und betend ihr Bier trinkt. So konnte das Totenmahl volkskundlich in drei Kategorien eingeteilt werden. In die Speise mit den Toten, die sympathetische Speise für den Toten und am gebräuchlichsten die Speise als Opfer zum Seelenheil des Toten.

Ludwig Thoma hat einmal von der wahrhaftigen Moral der Bauern geschrieben, die »stark genug ist, um selbst das Sterben leicht zu machen, und wie sie also eine Kraft besitzt, die keiner Religion innewohnt.« In seiner Erzählung »Das Sterben« hat er ge-

Der Hänsele, Hauptfigur der Überlinger Fasnet, verkörpert den, der statt in die Messe zu gehen ins Wirtshaus lief, bevor er dem Kaiser in die Schlacht folgte, und als einziger aus dem Krieg nicht heimkehrte. Der ursprüngliche Bezug seiner Brezen zum Totenkult ist deutlich.

Ein besonders schöner Palmbuschn aus Puch bei Hallein in Österreich, geschmückt mit Brezen, Orangen und bunten Hobelspänen.

schildert, wie der Bauer noch zuletzt dafür Sorge trägt, »daß's a richtige Leich werd«, und »daß seine letzte Sach auf der Welt mit Anstand und Ordnung abgemacht werden wird, und daß nichts fehlen wird, was einem ehrergeachteten Manne zukommt«.

Spendbrote

Besonders der Leichenschmaus mußte geregelt werden, damit da keine Nachrede kam, und auch die »Spend« für die arme Seel durfte nicht vergessen werden. Das Spendbrot wurde an die Trauergäste verteilt, und mit jedem »Vergelt's Gott« tut die Seele einen »Ruck auffi«.

Koren berichtet dazu eine Legende: »Ein Bauer ist von Mariazell nach Hause gegangen; da begegnet er seiner Dirn, welche einen Krug in der Hand trug und die Schürze zusammenhielt. Der Bauer fragte, wie sie so daherkomme; da sagte sie: Lebend sei sie nie dazugekommen, nach Mariazell zu wallfahrten. Dies hole sie nun nach. Im Krug aber sind die Vergelt's-Gott für das Brot, welches die Leute bei ihrer Totenwacht gegessen hätten. Als der Bauer nach Hause kam von seiner Wallfahrt, war die Dirn wirklich schon beerdigt.«

Im Chiemgau erinnern sogar manche Grabinschriften daran, am Jahrtag das Spendbrot nicht zu vergessen. In Schwaz in Tirol bekamen es die Franziskaner und früher soll stets soviel zusammengekommen sein, daß damit das Knödlbrot für die ganze Franziskanerprovinz bestritten werden konnte.

»Nackende Seelen«

Weizenranken

In Schwaben gab es Brezelgebäcke aus Mürbteig, die »nackende Seelen« hießen. In Bernau am Chiemsee werden nach dem Seelengottesdienst, wenn im Wirtshaus der Leichentrunk beginnt, Spendbrote ausgeteilt. Jedes Kind bekommt ein Brot, jeder Ministrant und Läutebub fünf. In manchen Chiemgaupfarreien erhält jeder während des Opferganges beim Gottesdienst hinter dem Hochaltar einen »Weizenranken«. Hinter dem Altar wird auch der jährliche Spendwecken den Armen übergeben.

Bubenschenkel und Totenbeinli

Die »Bubenschenkel« und »Totenbeinli« genannten Gebäcke knüpfen nach Rochholz an die christlichen Beinhäuser und den älteren heidnischen Knochenkultus der Germanen an. »An die Erhaltung der Knochensubstanz knüpfte der Germane die Fortdauer überhaupt.« Rochholz erinnert dann an die Ersatzknochen in Gräbern, was zu so merkwürdigen Erscheinungen führte wie Heiligengerippen mit zwei linken Beinen und ähnlichen Ungereimtheiten. Aber die Bedeutung der Knochen ist auch im Märchen vom Machandelbaum (Wacholderbaum) verankert, wo das ermordete Kind sich in einen Engel verwandelt, sobald die Knochen aufgesammelt sind.

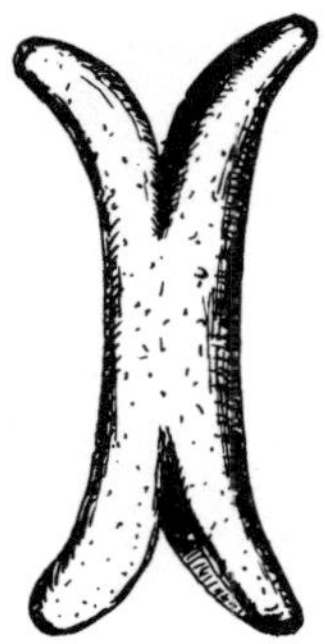

In Goethes Faust heißt es: »Mein Schwesterlein klein/hub auf die Bein, / da ward ich ein schönes Waldvögelein.« Und im 16. Jahrhundert legte der Dramatiker Gengenbach in »ein jemerliche clag vber die Todtenfresser« der Leichenfrau die Worte in den Mund:

»die todten bain schmecken uns wol,
dobei wir tag und nacht sind vol.«

Name und Brauch des Spendbrotes variiert etwas in jeder Gegend. Im Egerland bekam die Witwe eines Zunftmeisters am Jahrtag das »Zunftweckerl«. In der Jachenau holte sich der Lehrer, der beim Traueramt im Chor sekundierte, im Sterbehaus das »Sekundantenweckerl«. In der Oberpfalz begannen die Frauen mit dem Backen des Totenbrotes, während der Leichnam noch auf dem Brett lag. Die Leichenbitterin ging auch hier von Hof zu Hof, den Termin des Begräbnisses mitzuteilen und erhielt jedesmal ein Ei und ein Brot. Die Spendbrote wurden acht Tage nach der Leich gebacken und an die Armen verteilt, die dann für den Toten beteten.

Zunftweckerl

Sekundantenweckerl

Einen seltsamen Brauch überliefert das bayerische Regierungsblatt von 1803: ». . . daß man an einigen Orten die Körper der Verstorbenen mit einem weißen Tuch bedecke, auf selbes bis zur geeigneten Gährung die geknetete Mahlmasse lege, selbe sodann aus der Pfanne zu sogenannten Kücheln backe, und diese an die Gäste vertheile . . .« Es handelt sich dabei wohl um einen Übertragungsritus, bei dem der Geist des Toten über den Teig weitergegeben wird.

Aus manchen Gegenden, so aus der böhmischen Heimat Adalbert Stifters, ist überliefert, daß der Tote bis zur Einsargung im Backofen aufgebahrt wurde. In vielen Gegenden Oberbayerns war es üblich, beim Leichenzug Getreide, Mehl oder Brot mitzuführen, das dann der Mesner erhielt. Aus den Landgerichten Bruck und Dachau ist genau überliefert, was dem Mesner zustand, wenn ein Bauer starb: »1 Viertel Weizen, eine Schüssel voll Mehl mit 21–23 Eiern darin eingesteckt, ein Laib Brot darauf, ein Butterwecken und ein Seelenzopf.« Dazu gab es noch ein Stück Fleisch. Bei der Bäuerin war die Spende etwas geringer. Am Dreißigsten wurden Bier, Branntwein, Käse und Brezen gereicht. Fiel der Dreißigste in die Fasten, gab es Erbsen und Käse. Auf den Heimweg erhielten die Gäste ein Stück Brot, Pfarrer und Lehrer schickte man Bier und Brezen ins Haus. Im Allgäu wurden bei der Beerdigung die »Stengel« gebacken, je vier aneinander gereihte Weißbrote, die in der Kirche auf den Seitenaltar gelegt und dann vom Pfarrer an die Armen verteilt wurden. In der Oberpfalz legte man zur Speisung der Toten Brosamen in die Weihwasserschüssel am Grab.

Stengel

Heute noch kann man auch dem Brauch begegnen, daß der Wirt, bei dem der Leichenschmaus gehalten wird, eine Kerze in einen Brotlaib gesteckt als »Seellicht« auf den Tisch stellt. Damit ist, wie bei dem früheren Schmaus am offenen Grab, die Verbindung des Toten zu den Lebenden hergestellt.

Zum guten Schluß

Vom Viehbrot

Das Brot ist dem Menschen heilsam, aber auch dem Vieh, das davon jedoch nur bei bestimmten Gelegenheiten bekommt, wie zum Beispiel bei der Geburt. In Oberbayern glaubte man, der Kuh das Kalben zu erleichtern, indem man ihr das in heißem Schmalz gesottene Scherzel gab. In der Schweiz bekamen Kälberkuh und Kitzelgeiß Agathabrot. Unheimlich mutet der aus Böhmen überlieferte Brauch an, der Kuh, die das erste Mal kalbt, eine in Brot gesteckte Fledermaus zu fressen zu geben. Sie bekommt aber auch einen Haferkuchen, in welchem eine vom Christabend in geweihtem Salz aufbewahrte Nußschale und ein halber Apfel eingebacken sind.

Beim ersten Austrieb des Viehs auf die Weide gab der böhmische Bauer dem Hirten für jedes Rind ein Seidel Korn, wofür der Hirt wiederum sich mit einem Stück Brot bedankte. Von diesem wird etwas dem Vieh gegeben, damit die Herde zusammenbleibt und sich schnell an die Weide gewöhnt. Im Berchtesgadener Land bekam das Vieh beim Almauftrieb Brot und Salz.

Gegen Zauberei und zur Hexenabwehr, gegen Krankheit und damit es Glück im Stall gibt, erhält das Vieh vom segenbringenden Weihnachtsbrot. Mit Ausnahme der Schweine und Hühner, die in der Mettennacht eigens gefüttert werden, erhalten alle

Maulgabe

Stalltiere ihre »Maulgabe«, die aus zwei Schnitten Hausbrot mit geweihtem Salz und Weihwasser besteht und einigen Partikeln vom Palmbaum. Die Pferde erhalten die Maulgabe häufig erst am Stefanstag.

Statt des Hausbrotes hat man auch gerne Kletzenbrot oder eigens für das Vieh gebakkenes Störibrot genommen, das aus der Trogscharre oder Kletzenbrotabfällen gebakken wurde. Oft gab man Ostereierschalen, Apfelschalen oder eine Nuß in den Teig für das Viehstöribrot.

In manchen Orten des Berchtesgadener Landes bekam das Vieh an Maria Lichtmeß die Dochtasche der Lichtmeßkerze auf Brot zu fressen. Bei Leoprechting ist nachzulesen, wie man sich im Lechrain half, wenn es im Stall fehlte und weder Schmied noch Tierarzt helfen konnten. Dann mußte der Hexenmeister her: »Um zu wissen, ob das Vieh wirklich behext ist, zu dessen Herstellung er berufen wird, steckt er vor allem ein Messer in die Stallthürschwellen und legt geweihtes Osterbrot auf die Klinge: fehlt es im ganzen Stall, so fällt das Brod herunter und die Klinge bricht ab, fehlt es aber nur bei einigem Vieh, dann dreht sich bloß das Brod. Das Messer selbst aber muß am St. Johannestag inner 11 und 12 Uhr gemacht worden seyn, und darf man es zu nichts als solchen Stellungen verwenden. Fehlt es nun bloß bei einigem Vieh, so nimmt man das Messer zur Hand, legt das Brod fest auf die Klinge und geht nun so im Stall herum: bei dem Stück, wo es fehlt, springt das Brod weit von der Klinge und das Vieh fängt zu schnaufen an. Diese Kuh streicht man nun mit dem Brod und der Eberwurz dreimal über den Rücken und in den drei höchsten Namen, wo sich dann das Stück im Kreuz bis auf den Bogen biegen wird. Anschließend werden drei Brösel von dem Osterbrod mit einigen anderen Mitteln in ein in die Türschwelle gebohrtes Loch vergraben. Wenn es nicht allzuweit fehlt, ist damit geholfen. Sonst müssen stärkere Mittel angewendet werden.«

Von Volksmedizin und Zauberei

Heilbrote gegen Krankheiten aller Art

Die alten Klosterapotheken fertigten mit verschiedenen Gewürzen und anderen Zutaten eine große Anzahl Zelten gegen allerlei Leiden und Krankheiten. Von einigen Heilbroten, die an bestimmten Kalender- oder Heiligentagen für die Volksmedizin Bedeutung haben, wurde schon berichtet.
Im Volksglauben der Schweiz kann man Alpdrücken verhindern, indem man auf dem Abtritt – Menschenkot ist den Elben unangenehm – Brot und Käse ißt, und mit in die Luft geworfenen Brotkugeln kann man den Alp und andere elbische Geister erschießen. Mit Gewürzzusätzen ist manchen Krankheitsdämonen zu erwehren, besonders Fenchel und Kümmel vertreiben elbische Krankheitsgeister und die durch sie hervorgerufenen Wurmkrankheiten. Auch das Brotpipen, das Eindrücken eines Fingers in den Teig, soll gegen Krankheitsgeister helfen. Deshalb rufen im Volksmärchen die elbischen Waldweibchen zu ihrem eigenen Schutz: »Pip' kein Brot, schäl' kein'n Baum, erzähl' kein Traum, back' keinen Kümmel ins Brot, so hilft dir Gott in aller Not.«
Zwei altbewährte Rezepte gegen Fieber werden aus Niederbayern überliefert:
»Wann dir die Haut braust/ und dich das Fieber ankommen will/ so nimm ein warmes Brodt/ schneide unten am Brodt ein rundes Loch/ und geuß ein Theil Brandtenwein darein/ lege es hernach mit dem Loche auf den Nabel/ so warm du es erleiden kannst/ laß es darauf liegen/ weil das Fieber wäret/ nimm es alsdann abe/ und gibs einer Sau unter ihr Gemenge oder also vor sich zu fressen/ so vergehet dir das Fieber.« »Gleich-

wie einige Krankheiten durch den Geruch geheilet werden/ als wann man warmes in Wein geduncktes Brodt vor die Nase hält/ auch an statt eines Pflasters auff die Schläffe und Rippen leget/ bringt die zerfallene Kräffte der Kranken wunderbahr wieder« (nach Waltinger). Oder: »Man schneidet die obere Rinde eines schwarzen Brodlaibes in 77 Stücke und gießt des Kranken Urin darüber, welcher die Nacht durch stehen bleibt. Am andern Morgen streut man die aufgeweichten Brocken den Hühnern oder anderen Vögeln als Futter aus. Diess muß drei Tage nach einander vor Aufgang der Sonne unbeschrien und stillschweigend geschehen.« (Lammert)

Gegen Fieber soll es auch helfen, einige Stückchen Brot mehrere Tage bei sich zu tragen und sie dann den Ameisen zu geben, man kann zu demselben Zweck aber auch drei Blutstropfen aus dem Ohr einer schwarzen Katze mit etwas Brot essen.

Zahnt das Kind, so nimmt die Mutter eine Brotrinde, die sie als Wöchnerin beim ersten Ausgehen bei sich trug, als Schnuller, dann wird das Kind keine Schmerzen bekommen. (Darin liegt aber sicher keinerlei Zauber, denn jeder Kinderarzt rät auch heute, dem zahnenden Kind etwas zu geben, worauf es herumkauen kann.) Bei einem Besuch in einem fremden Haus soll man aber keinesfalls das Brot liegenlassen, das der Gastgeber anbietet, da man sonst Zahnschmerzen bekommt. In der Pfalz wußte man sich durch Kauen von verschimmeltem Brot von diesem Übel zu befreien.

Gegen Ohrensausen helfen Wacholderbeeren in Brot gebacken und heiß aufgelegt. Ohrenschmerzen vergehen, wenn man Umschläge mit den Brosamen noch heißer, frischer Wecken macht, die allerdings erbettelt sein müssen. Bei Kopfschmerzen empfiehlt sich ein Umschlag aus Brotrinde und Essig.

Gegen Bleichsucht soll folgende Anweisung helfen: »Nimm von drei verschiedenen Köpfen eine Laus und gib sie einem bleichsüchtigen Mädchen in einem Backwerk zu essen« (Lammert). Warzen vergehen, wenn man sie mit gestohlenem Streichwasser, dem Wasser, mit dem das Brot vor dem Backen »genetzt« wird, wäscht. Gegen Gelbsucht hilft ein Butterbrot mit lebenden Läusen. Ein recht ekelhaftes Mittel; vernünftiger erscheint da schon der Verzehr von getrocknetem Brot bei Sodbrennen. Gegen Sodbrennen und Kreuzweh hilft aber auch Weihnachtsstöri, der im Sonnwendfeuer »gebäht« wird. Bei Durchfall ist folgendes Rezept hilfreich: »Man koche einen braunen Lebkuchen aus Hefebranntwein mit Pfeffer, Zimt und Nelken über Kohlenfeuer, teile den Brei in zwei Teile und mache damit Umschläge auf den Leib« (Lammert).

Wenn man heute wissen will, wie es jemandem geht, der in der Ferne weilt, kann man telefonieren. Früher half man sich mit einem Brotzauber: »Will man wissen, ob ein Abwesender Lebendig oder todt sein, dann nehme man von einem Laibe Brot zwei Bröckelein, lege sie drei Finger breit von einander, ebenso mache es zu gleicher Zeit mit zwei Kohlen, dann nimm eine Nähnadel und fädle 1/2 Elle Faden doppelt ein, mache unten einen Knopf; stecke ein Bröckelein durch, halte es in die Höhe, daß es den Tisch nicht berührt und spricht: N. N., bist du lebendig, so geh auf das Liebe Brod, bist du aber todt, so geh auf die Kohlen: erhebt sich das eine oder andere, so wird man inne, ob Einer in der Fremde lebt oder todt ist.« (Lammert). Ein Zauber gegen Hexen ist das Zeichnen dreier Kreuze über die Tür am Abend vor Walpurgis. Dazu trägt man drei Stückchen Brot und dieselbe Menge Kohle in der Tasche. Ist eine Drud oder eine Hexe im Zimmer, so kann sie nicht mehr heraus, wenn man den Brotlaib im Tischkasten herumdreht. Brosamen, Kohle und noch dazu drei Salzkörner sind überhaupt ein gutes Mittel gegen Zauber, man sollte sie daher immer bei sich haben. Will man z. B. verhexte Tiere schießen, muß man die Flinte mit Brosamen laden.

Brot ist gegen Hexen besonders gefeit. Normalerweise muß man auf gefundene Dinge erst dreimal spucken, bevor man sie aufhebt, da sie behext sein können. Bei Brot ist das nicht nötig, denn über Gottes Gabe hat das Böse keine Gewalt. Ist einem Kind mit dem bösen Blick Schaden angetan worden, soll man, wie Leoprechting aus dem Lechrain berichtet, »nur gleich drei dünne Scheiben von einem Brod herunterschneiden und dem Kind während der Nacht unter den Rücken legen, das Messer aber im Brod stecken lassen, wo denn dasselbe, wenn das Kind beschrien ist, am andern Morgen ganz rostig seyn wird. Dann streicht man Butter auf die drei Scheiben, gibt sie einem schwarzen Hund zu fressen und dem Kind zieht man 3 Tag und 3 Nächt ein altes Hemd an und legt ihm ein Pflaster von Hirschunschlitt, Kümmel und Essig auf den Magen. Am dritten Morgen scharrt man Hemd und Pflaster unter einem Hollerbaum vor Sonnenaufgang ohne Angang ein. Dann ist der Schaden wieder gut gemacht.«

Welch Zauber das Brot gegen Hexen und Teufel ist, dokumentiert sich auch in zahlreichen Sagen. Einige, aufgezeichnet von Emmi Böck in ihrem Buch »Sagen aus Niederbayern«, seien hier wiedergegeben:

Brot als Zauber gegen Hexen und Teufel

Ein Brothändler wollte einmal eine Kirbe voll Brot ins Kloster tragen, um sie dort zu verkaufen, als ihm unterwegs ein armes Weiblein begegnete und ihn inständig bat, ihr für ihre sieben hungernden Kinder ein paar Wecklein zu schenken. Der Mann aber wandte sich mürrisch ab und sagte: »Ohne Geld kein Brot! Ich trag's ins Kloster, die zahlen gut!« Da fluchte ihm die Mutter mit den Worten: »So sollst du junge Hunde statt Brot im Korb tragen!« Der Fluch erfüllte sich. Als der Mann zum Kloster kam, hatte er wirklich statt des Brotes junge Hunde in der Kirbe.

In Wildenranna war vor Jahren eine Brotträgerin, Redlin genannt, die täglich nach Untergriesbach um Brot ging. Einmal kam sie auf dem Heimweg in der Zellgasse zu einem Fuhrmann, der schwarze Pferde am Wagen hatte. Sie sagte: »Laß mich aufsitzen, denn ich bin schon müde vom Tragen!« Der fremde Fuhrmann erlaubte es. Mit den Worten »In Gottes Namen« setzte sie sich auf den Wagen. Kaum hatte sie das gesagt, wurde sie mit dem Brot vom Wagen geschleudert und lag auf der Straße, während der Fuhrmann mit den Pferden verschwunden war.
Es war der Teufel. Er hatte einen Ziegen- und einen Pferdefuß. Wenn die Leute bei Nacht durch die Zellgasse gingen, fürchteten sie sich und verrichteten Stoßgebetlein.

Zur Zeit des Dreißigjährigen Krieges lebte in Ering am Inn ein reicher, aber geiziger Bäcker, genannt der Kreuzbäcker. Die Bevölkerung litt schwer unter den Wirren des Krieges, nur dem Kreuzbäcker ging es gut. Er hatte von den Bauern Getreide gesammelt, damit er, wie er sagte, das Brot größer backen könne. Als er aber seine Kammern gefüllt hatte, reute ihn sein Versprechen. Das Brot, das aus seinem Backofen kam, wurde von Tag zu Tag kleiner und schlechter.
In einer Nacht nun, als er sich eben den bereits erworbenen Gewinn errechnete, öffnete sich die Tür, und der Teufel grüßte grinsend ins Zimmer. Kalter Schweiß trat dem Bäcker auf die Stirn, als er den Bösen erblickte und sich die Wohnung mit üblem Gestank füllte. In solcher Angst gelobte er, sich zu bessern und zur Sühne eine Kapelle zu bauen. Darauf entfloh der Teufel. Der Kreuzbäcker aber hielt, was er versprochen, und errichtete ein kleines Heiligtum, das noch heute den Namen »Kreuzbäckerkapelle« trägt.

Bei einem Einödbauern unweit von Pocking kam der Teufel öfters nachts zu einer Magd ans Fenster und brachte ihr immer Eierbrot und sonstiges Backwerk mit. Die Magd wußte nicht, wer der nächtliche Besucher sei. Doch kam er ihr unheimlich vor, und sie sagte einmal zu ihm: »Zweng was bringst ma denn niar a Hausbrot mit?« – »Naa, a söchas kann a da nöt bringa!« – »Wö (warum) denn nöt?« forschte die Magd weiter. »Wei dö tuschadn Weibaleut 's Kreuz drüba machan«, stieß der Teufel grimmig hervor. »Aus is, da Deifi!« schrie die Magd, bekreuzigte sich, schlug das Fenster zu und verkroch sich in ihr Bett. Daraufhin wollte sie nichts mehr von einem Plauderstündchen am Fenster wissen.

In Engerstham lebte ein Mann, den der Volksmund »Herrgottsepp« benannte. Der ging einmal nach Schärding und sah beim früheren Pumperhölzl ein Häuflein glänzender Kohlen liegen. Daneben saß ein kleines, zottiges Hündchen. Weil die Kohlen gar so schön glänzten, ging er hin, hob etliche auf, und da sie ihn nicht brannten, so schob er sie in die Tasche seines Rockes. Das Hündchen knurrte zwar, tat ihm jedoch nichts zuleide. In Schärding wollte er die schönen Kohlen herzeigen. Aber was er aus der Tasche zog, waren keine Kohlen, sondern blitzblanke Kronentaler! Schnell machte er kehrt, um noch welche zu holen. Er fand jedoch keine mehr. Nun erst fiel ihm ein, daß das schwarze Hündlein der Teufel gewesen sei, der einen Schatz gesonnt habe, damit er nicht grau und schimmelig werde. Bei der Annäherung vom Sepp verwandelte er den Schatz in Kohlen. Da der Sepp Brosamen in der Tasche hatte, wurden die Kohlen dort wieder zu Geld.

Brotfrevel

Viele Sagen berichten vom Brotfrevel und der darauf folgenden göttlichen Strafe. Oft wurde der Frevler zu Stein verwandelt und manche Bergformation wird durch solche Strafe erklärt. Die Stadt Vineta mußte untergehen, weil ihre Bewohner aus Übermut Risse in den Mauern mit Brot ausbesserten. Da das Brot eine Gabe Gottes ist, soll es ehrfürchtig behandelt werden. In seiner Gegenwart darf man nicht fluchen. Wenn es zu Boden fällt, soll man es küssen und um Verzeihung bitten. Wer drei Tage nicht an Gott denkt, kein Weihwasser nimmt und sich auf einen Laib Brot setzt, ist dem Teufel verfallen. Wer beim Brotschneiden die Schnittfläche uneben anschneidet, der hat an dem Tag schon gelogen. Bleibt Brot am Messer hängen, so gibt es teure Zeiten. Hungersnot zeigt auch das blutende Brot an. Heute weiß man, daß Bakterien die Rotfärbung verursachen. Der hohe Glauben, den man vom Brot hat, ist verständlich. Brot ist nicht nur der Lebensspender: Christus ist das Brot des Lebens, und das Mittelalter sieht Maria als Acker, der durch Gottes Tau Korn trägt. Maria wird auch heute noch in der Wallfahrt mit der Weizenähre in Verbindung gebracht, wie z. B. in Bogen.
Nicht weniger Verehrung als dem Brot wird den Brosamen zuteil. In Tirol heißt es, wer die Brosamen nicht achtet, achtet die Brocken nicht. Man glaubt, der Teufel werde alle verunehrten Brosamen in einem Sack sammeln und dem Schänder auf dem Totenbett um die Ohren schlagen, oder er bäckt daraus einen Laib Brot, den der Sünder glühend verzehren muß. In Tirol sagt man wohl auch, wenn ein Brosamen zu Boden fällt:

»Arme Seelen rappet,
Daß's der Teufel nit dertappet.«

Ein österlicher Weihekorb aus dem kleinen Walsertal.

O gemino felix Adelindis honore triumphi,
Seu sociata viro, seu viduata toro.
Illustres peperit cuius sociale dynastas,
Cui sacra virgineum vela dedêre chorum.

Quæ fastiditis, quos vendunt secula fumis,
Gaudia diuinis fontibus hausta bibit,
Porrexitque suis antistita sancta, clientes
Quas pia vita magis, quàm pia dicta trahunt.

Brotspende im Kloster Buchau bei Biberach, gestiftet von der Gräfin Adelindis aus dem Geschlecht der Andechser zum Seelenheil ihrer toten Verwandten.

91

Besonders festlich war der erste Erntewagen nach der Hungersnot 1817 in Fürth geschmückt; obenauf der Kornalte.

Wegsperre im Kirchzarter Tal. Beim Zug in die Kirche wurde dem Brautpaar der Weg gesperrt; es mußte sich mit Brot- oder Kuchenspenden auslösen.

Im Allgäu gilt es als Sünde, wenn man die Brosamen fortwirft, ohne daß die Hühner sie fressen können. Vom Tisch gefallene Brosamen werden aufgeklaubt und gesammelt, um dann meist ins Herdfeuer geworfen zu werden.
In Böhmen ging der Glaube, der Teufel hole die Seele, wenn die weggeworfenen Brosamen am Ende des Lebens mehr wiegen als der Mensch, der sie mißachtete.
Von der Sorgfalt und der Andacht, mit der das Brot angeschnitten werden soll, wurde schon gesprochen. Man soll den Brotlaib auch nicht zu weit hinten anschneiden, da man sonst unserm Herrgott die Fersen abschneidet. Wer den Anschnitt allein ißt, wird geizig. Das Anschneiden ist Sache des Hausherrn, während die Frau die Butter anzuschneiden hat. Das Messer soll aber nicht im Brot stecken bleiben, da das den armen Seelen weh tut.

Vom Backofen und vom Backen

Der Volksglaube stellte sich die ganze Atmosphäre als einen riesigen Backofen vor. Wenn die Sonne scheint und es gleichzeitig regnet, bäckt der Teufel Pfannkuchen. Bei schönem Abendrot heißt es in Schwaben: »Die Mutter Gottes backt Kücheln.« Die Riesen, von denen in Sagen erzählt wird, daß sie bei Sturm und Wolken Brot backen, lassen sich mythologisch als Wettersagen deuten. Sagenhafte Wetterwesen, die zeitweilig den Menschen helfen, haben ihre Backöfen in Erdhöhlen, manche Felswildnis in Süddeutschland trägt die Bezeichnung Ofen. Der Backofen hat auch im Märchen symbolhafte Bedeutung, im Märchen von Hänsel und Gretel etwa oder im Märchen von der Frau Holle. Es ist hier nicht der Platz, der mythologischen Bedeutung des Backofens nachzugehen, aber schon aus dem wenigen Gesagten kann verständlich werden, daß auch im Brauchtum der Backofen eine besondere Rolle spielt.
Der Ofen im Haus ist sogar Schlafstätte gewesen. Als man im Lechrain den Backofen neben das Haus bauen mußte, reagierte Leoprechting ärgerlich: »Seit einigen Jahrzehnten verschimpft die sonst meistens so malerisch hingeworfenen Gehöfte ein kleines, backsteinernes Gebäude, der Backofen, welcher Feuergefährlichkeits halber aus den Häusern heraus einschichtig im Freien erbaut werden mußte«. Die Gemeindebacköfen, für die Leoprechting eintritt, sind in Franken und Schwaben heute noch gebräuchlich.
Der Backofen ist aber nicht nur ein warmer, heimeliger Platz. Im steirisch-kärntischen Raum spuken die Percht und die Wilde Jagd darin herum. Der Zusammenhang des Seelenglaubens mit dem Herdfeuer überhaupt wurde ja bereits angesprochen. Früher

hat es den altheidnisch-makabren Brauch gegeben, im Backofen Leichen anzubrennen. Liebenswürdiger ist die Sitte, durch den Backofen den zukünftigen Bräutigam zu ermitteln. Das Mädchen muß dazu drei Holzstückchen im Ofen anzünden, warten bis sie abgebrannt sind und dann nackt hineinkriechen. Im Ofen dreht sie sich um und kriecht rückwärts wieder hinaus. Die Stelle, wo sie mit dem Kopf den Boden berührt, muß sie in der Nacht als Schlafstelle nehmen, dann erscheint ihr der Bräutigam im Traum. In Oberösterreich reicht der Zukünftige dem nackten Mädchen das Hemd in den Ofen. Es kann sein, daß das der Tod ist, dann muß sie noch im gleichen Jahr sterben.

Der Backofen kann aber auch beim Auffinden eines gestohlenen Pferdes helfen, das unweigerlich wieder heimkommt, wenn man Zaum und Sattelzeug im luftdichten, warmen Ofen dünstet.

Weit verbreitet ist der Vergleich des Backofens mit dem Mutterleib. Die Assoziation liegt nahe, wenn man den runden Ofen als schwangeren Leib und das Herausziehen des Brotes als Geburt betrachtet. Bei einer Geburt pflegt man zu sagen, der Ofen sei zusammengefallen. Eine Schwangere soll nicht in den Backofen kriechen, damit ihr Kind keine roten Haare bekommt. Eigenartigerweise hatte der Bauer für die Schönheit roter Haare keinen Sinn, obwohl Rot doch die Farbe der Liebe und des Herzens ist. Rothaarige aber wurden als dämonisch verschrien und mit Schimpfnamen belegt. Letzten Endes ist das wohl nichts weiter, als das altbekannte Vorurteil der Mehrheit gegen die Minderheit, die die Rothaarigen bei uns nun einmal bilden. Die Schwangere soll den Ofen auch nicht mit Lehm ausschmieren, da sie sonst eine schwere Geburt haben wird. Neugeborene mit greisenhaftem Aussehen sind noch nicht fertig und müssen umgebacken werden. Von manchen Leuten sagt man heute noch: »der ist net ganz bacha.« Man bindet den Säugling auf die Backschaufel und schiebt ihn nach dem Ausbacken des Brotes dreimal in den Ofen mit den Worten: »A olts schiass i nei, a jungs tua i aussa.«

Der Bräuche mit Backofen, Backtrog, Backwisch sind viele, und sie finden sich in verschiedenen Gegenden in analoger Form wieder. Die mythologische Motivforschung muß natürlich gleich wieder übertreiben und diese alten Bräuche aus heidnischer Zeit auch der modernen Hausfrau ins Unterbewußtsein praktizieren und so erklären, warum sie über einen mißglückten Kuchen so traurig ist, während ihr ein gelungenes Gebäck eine archaische Freude bereitet, so als habe sie es selbst hervorgebracht, geboren. Also ist wohl der Ofen heute noch wie im Märchen ein Ort »geheimnisvoller Verwandlung, aber auch ein Abbild des Höllenfeuers« (Döbler). Am Weihnachtsabend wird in Oberösterreich ein Büschel ungedroschener Hafer dem Nachttau ausgesetzt und dann mit dem Störilaib in den Backofen eingeschossen. Wenn beim Störibacken und beim Backen des Kletzenbrotes die Scheiter laut knacken, bringt der Sommer viele Gewitter; wenn Glut vorfällt, kündigt das einen Todesfall an. Wenn die Magd den Ofen reinigt, soll sie Weihwasser auf den Strohwisch spritzen, damit das Feuer nicht wild wird und beim Ofen hinausschlägt. Man soll auch nicht in den Backofen blasen, da sonst das Brot mißrät.

Blickt die Magd, Störiteig an den Händen, durch das Stubenfenster in die Stube, so sieht sie all jene beim Backtrog stehen, die im kommenden Jahr sterben werden, so geht der Glaube in Oberösterreich.

Vor dem Einschießen des Brotes werden mit dem Schieber drei Ähren eingeführt. Das ist ein altes Schutz- und Heilmittel, aber auch ein Temperaturmesser: wenn die Ähren nicht verkohlen, ist die Hitze für das Brot gerade richtig. Es galt als ein schlechtes Omen, wenn der Bauer sein Brot beim Bäcker kaufte: »Wen dar Baur san Braud ban Bekn kaffn mouß, haod ar schaun oghaust«, meint der alte Oberpfälzer.

In Nordbaden heißt der erste eingeschossene Laib der »Hüter«. Er wird als letzter verzehrt. In Oberbayern wird er mit drei Fingern gestupft. Dabei wird häufig an die Legende von den drei Jünglingen erinnert, die unbeschadet aus dem Feuerofen herauskamen.

Das Grifflaib oder Feuerlaib genannte Brot wurde solange aufgehoben, bis bei der nächsten »Bach« ein neuer gemacht wurde. Der Grifflaib half gegen Feuersnot.

Das Säuer, das die Hefe ersetzt, bringt die Braut oft von daheim mit. Beim Einsäuern muß man mit der flachen Hand auf den Sauerteig schlagen, damit es der Ofen hören kann und sprechen: »Backofen richt dich!«. Die »Bavaria«, das Standardwerk bayrischer Volkskunde, gibt noch einige Ratschläge, was beim Backen zu beachten ist: »Ohne Fürtuch soll die Bäurin nicht kneten, sonst wird das Brot offen; auch darf man sich nicht auf den Backtrog setzen, das macht, daß das Brot spindig wird. Wenn eingeschossen ist, muß man mit jeder Backschüssel drei Händlein voll Erde auf die Kohlen werfen, dann wächst das Brot im Ofen. Das erste Backkörbchen muß verdeckt hingeworfen und darf nicht aufgehoben werden, bis alles Brot aus dem Ofen ist; das hilft wider das Verschreien. Während das Brot im Ofen ist, darf kein Kuchen mit dem Messer angeschnitten werden, sonst wird das Brot spindig. Auch darf das Brot im Ofen nicht gezählt werden, wenn es gedeihen soll. Bekömmt der Laib beim Backen in der Mitte der oberen Fläche einen Riß, dann stirbt jemand aus der Familie oder Freundschaft; ein Riß unten bedeutet eine Hochzeit.«

Ganz pragmatische Gründe hat die Ansicht, der Haussegen hänge schief, wenn nach der Hochzeit das Brot im Brotkasten schimmle. Denn altheidnische Bräuche hin und christlich umgesetzte Bräuche her, von einer guten Hauserin ist eben zu erwarten, daß sie weiß, wie Brot gelagert wird. Wenn sie das nicht kann, ist es auch sonst nicht weit her mit ihr und der häusliche Ärger wird nicht ausbleiben.

Vom Brot gäbe es sicher noch viel zu berichten, von alten Bräuchen und neuen Moden, vom Brot im Märchen und der Mythologie. Die alte Tradition der Gebildbrote haben moderne Künstler für sich wieder- und neu entdeckt und Backbilder geschaffen, die man eat-art nennt, Esskunst. Der Kunstverein Hannover hat 1976 solche Back-bilder in einer Ausstellung vorgezeigt. Aber ein klein wenig ist wohl deutlich geworden, daß die Rolle, die das Brot im Brauchtum Süddeutschlands und Österreichs spielt, genau der entspricht, die das Brot im Bauernleben einmal hatte. Max Dingler hat in seinen »Altbairischen Gesängen« darüber geschrieben. Seine »Fragen an den Bauern« sollen der Abgesang dieses Büchels vom Brot sein:

Bauer, was tuast?
»Ackern tuar i den harten Grund,
daß a ma bringt de guate Stund.«
Bauer, warum de Plag?
»Is da Boden it roglat worn,
tragt a koan Halm und tragt koa Korn.«

Bauer, was treibst?
»Dungat fahr i naus aufs Feld,
eh daß da Winter an Bodn verstellt.«
Bauer, des treibst warum?
»Weil des billig is und recht,
daß ma drangibt, wo man was mecht.«

Bauer, was schaffst?
»Saa'n tuar i aus der vollen Hand
Wurf um Wurf ins Ackerland.«
Bauer, warum denn wohl?
»Daß der Boden den Segen tragt,
und as G'segnete Wurzeln schlagt.«

Bauer, was machst?
»Machn an Woazn und mach as Korn,
denn die Arnt is zeiti worn.«

Bauer, warum die Müah?
»Ohne Bauernmüah und -not
gibt da Bodn koa'n Bissn Brot.«

Bauer, was teast?
»Dreschen tean mar und scheidn so
entn 's Korn und drentn 's Stroh.«
Bauer, warum des aa?
»Müassest wohl ohne Brot verderbn;
's ganze Volk müaßt Hungers sterben.

Bauer, i gesteh 's ein:
Bauernwerk muaß sein,
wahrt uns alle vorn Tod. –
Bauernehr hoaßt: Brot!

Bibliographische Angaben

Dem Thema des Buches gemäß enthält der Anhang in erster Linie Literatur zum süddeutschen und österreichischen Brauchtum. Der größte Teil der Titel wurde bei der Arbeit an diesem Buch herangezogen, es sind jedoch auch einige andere mit aufgenommen worden. Weitere Arbeiten, besonders solche, die über den süddeutschen Raum hinausgehen, sind zu finden in der Arbeit von Mathilde Hain: »Sitte und Brauch in volkskundlicher Forschung. Ein Literaturbericht«, errschienen in: Deutsche Vierteljahresschrift 20, 1942 Referatenheft; bei Fred Binder: »Die Brotnahrung. Auswahl-Bibliographie zu ihrer Geschichte und Bedeutung«, Ulm 1973, Schriftenreihe des Deutschen Brotmuseums, Heft 9 und bei Ingeborg Weber-Kellermann: »Gesamtdeutsche volkskundliche Literatur von 1945 bis Mitte 1954« in: Deutsches Jahrbuch für Volkskunde 1, 1955. S. 414–440, und natürlich auch bei den Literaturangaben der hier aufgeführten Titel. Eine vollständige Aufzählung der einschlägigen Literatur würde den Rahmen dieses Buches sprengen. Nicht aufgeführt sind die zahlreichen Artikel besonders von Eckstein im »Handwörterbuch des deutschen Aberglaubens«, das auch in den Literaturhinweisen eine wahre Fundgrube ist.

Adam, H. K.: Weihnachtliche Bäckerei. München 1957.

Aiblinger, Simon: Vom echten bayerischen Leben. Bräuche, Feste, Zeitvertreib. München 1976.

Andessner, J.: Das Backen des Hausbrotes im unteren Innviertel, in: Oberösterr. Heimatblätter 20, 1966, H. 3/4, S. 69–77.

Backbilder. Die nicht brotlose Kunst. Kunstverein Hannover 1976. Ausstellungskatalog.

Das Backen im Dorfbackhaus. Berichte. Hrsg. v. d. hessischen Abt. im Inst. f. Volkskunde d. Univ. Frankfurt. 1955.

Bauernfeind, Wolfgang: Aus dem Volksleben. Sitten, Sagen und Gebräuche der Nordoberpfalz. Regensburg 1910.

Baumgarten, A.: Das Jahr und seine Tage in Meinung und Brauch der Heimat. Hrsg. v. A. Depinay. Heimatgaue Jg., Linz 1926.

Bavaria. Landes- und Volkskunde des Königreichs Bayern. 5 Bde. München 1860–68.

Becker, A.: Osterei und Osterhase. Vom Brauchtum der deutschen Osterzeit. Jena 1937.

Beierl, L.: Das Brot in Glaube und Brauch im Sudetenraum. Diss. München 1938.

Beitl, Klaus und Lies, Elfriede: »Der Brotsegnende Heiland«. Beschreibung eines Gründonnerstags- und Wallfahrtsbrauches aus Mariazell, Steiermark. In: Österr. Zs. f. Volkskunde, NS Bd. 29, Gesamtserie Bd. 68, 1965, S. 105–150.

Benker, Gertrud: Altoberpfälzer Kost. In: Bayer. Jahrb. f. Volkskunde. 1966/67, S. 172–204.

Bergmann, A.: Lebensbaum, Fastenbrezel, Armakreuz. In: Der Regenkreis, 1967, S. 43–45.

Bertram, Otto: Pfälzische Gebildbrote. In: Westmärk. Abhandlungen zur Landes- und Volksforschung. 5. Bd. 1943, S. 253–296.
Birlinger, Anton: Aus Schwaben. 2 Bde. Wiesbaden 1874.
– Volkstümliches aus Schwaben. Freiburg 1861.
Burgstaller, Ernst: Allerseelengebäcke, Umrittsbrauchtum, Bruderschaften. In: Atlas von Oberösterreich, 1. Lief. Bl. 18, Erläuterungsbd. 1958, S. 137–147.
– Das Allerseelenbrot. Schriftenreihe des Deutschen Brotmuseums Ulm. Folge 7, 1971. Zugl. Schriftenreihe d. Inst. f. Landeskunde von Oberösterreich, 22, 1970.
– Brauchtumsgebäcke und Weihnachtsspeisen. Ein volkskundlicher Beitrag zur österr. Kulturgeographie. Linz 1957.
– Kulturgeographische Ergebnisse der modernen Gebäckforschung. In: Schriftenreihe des Deutschen Brotmuseums. Folge 2, Ulm 1961, S. 16–25.
– Lebendiges Jahresbrauchtum in Oberösterreich. Salzburg 1948.
– Österreichisches Festtagsgebäck. 1958.
– Die österr. Spiralgebäcke. In: Der Bäcker. Fachblatt für das Bäckergewerbe in Österreich. 2. Jg. Nr. 13, 1950.
– Rügebräuche bei der Ernte in Oberösterreich. In: Zs. f. Volkskunde 52, 1955.
– Die weihnachtlichen Kultbrote im Brauchtum der Oberdonau. In: Oberdeutsche Zs. f. Volkskunde 16, 1942, S. 166–175.
Christmann: Von den Gebildbroten »Deihe« und »Dampedei«. Ebd. S. 35ff.
Dölker, H.: Brot und Gebäck im volkskundlichen Leben. In: Schriftenreihe des Deutschen Brotmuseums, Heft 1, Ulm 1961, S. 9–23.
Dörrer, Anton: Brotspenden als Verlöbnis und Gemeinschaftsbrauch. In: Zs. f. Rechtsgeschichte. German. Abt. Bd. 74, 1957, S. 266ff.
– Alte Mahlgemeinschaften im Lichte ihrer Zeit (313–1803). In: Zs. f. Rechtsgeschichte. German. Abt. Bd. 70, 1953, S. 267–311.
– Mit Erzengel Michael im Bunde. Ein Ausschnitt aus der religiösen Volkskunde Tirols. In: Der Schlern 31, 1957, S. 134–142.
Eckstein, Franz: Brot im Liebeszauber. In: Archiv für Religionswissenschaft 25, 1927–28, S. 332–337.
– Die frühesten Zeugnisse über Gebildbrote im Frühmittelalter. In: Oberdeutsche Zs. f. Volkskunde 9, 1935, S. 48–55.
Erich, Oswald Adolf: Gesichtspunkte für eine Bildgeschichte des figürlichen Gebäckes. In: Oberdeutsche Zs. f. Volkskunde 6, 1932, S. 153–167.
– und Beitl, Richard: Wörterbuch der deutschen Volkskunde. 3. Aufl., Stuttgart 1974.
Fincke, Heinrich: Beiträge zur Kenntnis honighaltiger Gebildbackwaren. In: Süßwaren Nr. 8 u. 9, 1964 (in 9 Teilen ersch., insges. 28 Seiten).
– Marzipan, marzipanähnliche Erzeugnisse und angebliche Marzipane, denen diese Benennung nicht zusteht. In: Süßwaren Nr. 4, 1962, S. 130ff.
– Springerle – ein altes Weihnachtsgebäck. In: Zucker- und Süßwaren-Wirtschaft 16, 1963, Heft 4, S. 189ff.
– Über das Gebäck und den Namen Spekulatius und seine Bedeutung zum Nikolausbrauchtum. In: Süßwaren 5, 1961, Nr. 10–14.

– Über die Benennung honigkuchenähnlicher Gebäcke als Lebkuchen und Lebzelten als Biber und Biberzelten. In: Deutsche Lebensmittelrundschau. 1963, H. 6, S. 159–167.
– Vom Backwarengewürz Anis und seiner Geschichte. In: Gordian 63, Nr. 1504, Juli 1963.
Florian, O.: Die Verbreitung einiger Mehlspeisen- und Gebäcknamen im deutschen Sprachgebiet. 1923.
Fräulein Brezel und andere Gebildbrote. In: Deutsche Gaue 30, 1929, S. 132 ff.
Fuchs, H. M.: Gebildbrote aus der Steiermark. In: Zs. f. Volkskunde NF 4, 1933, S. 230–33.
Gamerith, Anni: Herkunft und Herstellung des bäuerlichen Hausbrotes. In: Österreich. Volkskundeatlas 2, Lief. Bl. 25, Kommentar. 1965.
Geiger Paul und Weiss, R.: Das Brot, Hausbäckerei und Backhäuser, Brotformen und Brotgetreide. In: Atlas der Schweizerischen Volkskunde. Arbeitsmappe Nr. 1, 1953, S. 77–99.
Geramb, Victor von: Die Rauchstuben im Lande Salzburg. Salzburg 1950.
Gröber, Karl: Alte Lebzelten. In: Bayer. Hefte f. Volkskunde, 12. Jg. 1939, 5. Heft, S. 45–46.
Gugitz, Gustav: Das Jahr und seine Feste im Volksbrauch Österreichs. Studien zur Volkskunde. 2 Bde., Wien 1949–50.
Hager, Franziska und Heyn, Franz: Drudenhax und Allelujawasser. Volksbrauch im Jahreslauf. Rosenheim 1975.
– Liab, leb und stirb. Volksbrauch ums Heiraten, Kindlwiegn und die Ewige Ruh. Rosenheim 1976.
Hagelstange, Alfred: Süddeutsches Bauernleben im Mittelalter. Leipzig 1898.
Hahn, Fritz: 300 Jahre Springerle. Backstudien, Fotos, Reproduktionen. In: Ekkehart. Jahrb. f. das Badner Land. 1970, S. 138–151.
Haider, Friedrich: Tiroler Brauch im Jahreslauf. Innsbruck 1968.
Handwörterbuch des deutschen Aberglaubens. Hrsg. v. E. Hoffmann-Krayer und H. Bächtold-Stäubli. 10 Bde., 1928–41.
Hanssen, E. und Hahn, Fritz: Über Model. In: Deutsche Lebensmittel Rundschau. 1963, Heft 12.
– Weiße Lebkuchen. In: Gordian 66, 1966, Heft 1577, S. 22 ff.
Hartmann, F. S.: Sitten und Gebräuche in den Landgerichtsbezirken Dachau und Bruck bei der Geburt, der Hochzeit und dem Tode. In: Oberbayerisches Archiv f. vaterl. Gesch. 35, 1875–76, S. 194–239.
Heeger, Fritz: Altfränkische Festspeisen in der Fastnachtszeit. In: Die Stimme Frankens 33, 1967, S. 10–12.
Herbig, Peter: Die Lebkuchenindustrie Nürnbergs in Vergangenheit und Gegenwart. Diss. Erlangen 1924.
Hess-Haberlandt, G.: Das liebe Brot. Brauchtümliche Mehlspeisen aus dem bäuerlichen Festkalender. 1960.
Höfler, Max: Adventsgebäcke. In: Volkskunst und Volkskunde 1, 1903.
– Allerseelengebäcke. Eine vergleichende Studie der Gebildbrote zur Zeit des Allerseelentages. In: Zs. f. österr. Volkskunde 13, 1907, S. 65–97.
– Brezelgebäck. In: Archiv f. Anthropologie NF 3, 1905, S. 94–110.
– Engelbrot (Not und Hungerbrot). In: Zs. f. österr. Volkskunde 20, 1914, S. 1–8.
– Die Gebäcke des Dreikönigstages. In: Zs. d. Vereins f. Volkskunde 14, 1904, S. 257–278.

– Gebäcke und Gebildbrote (Pollweck und Osterwolf). In: Zs. d. Vereins f. Volkskunde 24, 1914, S. 305–309.
– Gebildbrote bei der Geburts-, Wochenbett und Tauffeier (Geburts- und Namenstag). In: Zs. f. österr. Volkskunde 15, 1909, S. 81–111.
– Gebildbrote der Faschings-, Fastnachts- und Fastenzeit. In: Zs. f. österr. Volkskunde. Suppl. 5 zu Bd. 14, 1908.
– Gebildbrote der Hochzeit. In: Zs. f. österr. Volkskunde, Suppl. 7 zu Bd. 17, 1911.
– Gebildbrote der Sommer-Sonnenwendzeit. In: Zs. f. österr. Volkskunde 16, 1910, S. 81ff.
– Gebildbrote in Tierform. In: Bayer. Hefte f. Volkskunde 1, 1914, S. 145–155.
– Haaropfer in Teigform. In: Archiv f. Anthropologie. NF 4, 1905, S. 130–148.
– Das Herz als Gebildbrot. In: Archiv f. Anthropologie. NF 5, 1906, S. 263–275.
– Knaufgebäcke. In: Zs. f. österr. Volkskunde 12, 1902, S. 430–442.
– Der Krapfen. In: Zs. d. Vereins f. Volkskunde 17, 1907, S. 65–75.
– Lichtmeßgebäcke. In: Zs. f. österr. Volkskunde 15, 1905, S. 312–321.
– Ostergebäcke. In: Zs. f. österr. Volkskunde. Suppl. 4 zu Bd. 12, 1906.
– Sankt Martini Gebäck. In: Schweizer Archiv f. Volkskunde 6, 1902, S. 22ff.
– Sankt Michaelsbrot. In: Zs. d. Vereins f. Volkskunde 11, 1901, S. 193–201.
– Sankt Nikolaus Gebäck in Deutschland. In: Zs. d. Vereins f. Volkskunde 12, 1902, S. 80–89 und 198–203.
– Vogelgebäcke. In: Globus, Bd. 89, 1906.
– Die volksmedizinische Organotherapie und ihr Verhältnis zum Kultopfer. 1908.
– Der Wecken. In: Philosophische und volkskundliche Arbeiten. Karl Vollmöller zum 16. Oktober 1908. Erlangen 1908, S. 1–37.
Hörmann, L. v.: Tiroler Volksleben. Stuttgart 1909.
Horn, Erna: Das altbayerische Küchenjahr. Ein kulinarischer Kalender. München 1974.
Kapfhammer, Günther: Gemeindebacköfen im nördlichen Unterfranken. In: Bayer. Jahrb. f. Volkskunde, 1969, S. 133–175.
– (Hrsg.) Brauchtum in den Alpenländern, München 1977.
Koren, Hans: Die Spende. Eine volkskundliche Studie über die Beziehung »Arme Seelen-arme . Leute«. Graz 1954.
Kriss, Rudolf: Sitte und Brauch im Berchtesgadener Land. München 1947.
Kühnau, P.: Die Bedeutung des Backens und des Brotes im Dämonenglauben des deutschen Volkes. Beil. z. Jahresber. d. städt. Gymnasiums Patschkau. Patschkau 1900.
Küppers-Sonnenberg, G. A.: Zur Theorie der Gebildbrote. In: Brot und Gebäck 17, 1963.
Kunstgeschichte des Backwerks. Hrsg. v. Hans Jürgen Hansen. Oldenburg 1968.
Kyll, N.: Backmulde als Totenlade. In: Mitteilungen zur Landesgeschichte und Volkskunde in den Regierungsbezirken Trier und Koblenz. Bd. 5, 1960, S. 160–170.
Lammert, G.: Volksmedizin und medizinischer Aberglaube in Bayern und den angrenzenden Bezirken, begr. auf die Geschichte der Medizin und Cultur. Würzburg 1869 (Neudr. München 1969).
Leistner, A.: Von den Gemeindebackhäusern und vom Brotbacken im Coburger Land. In: Jahrb. d. Coburger Landesstiftung. 1971, S. 163–183.
Leoprechting, Karl von: Bauernbrauch und Volksglaube in Oberbayern. (Nachdr. d. Erstaufl.,

die 1855 u. d. T. »Aus dem Lechrain. Zur deutschen Sitten und Sagenkunde« erschien) München 1975.
Liungmann, Waldemar: Traditionswanderungen Euphrat-Rhein. Studien zur Geschichte der Volksbräuche. FF Communications 118–119. Helsinki 1937–38.
Meise, Hans: So backt der Bauer sein Brot. Ein volkskundlicher Beitrag zum bäuerlichen Brotbacken und zur Entwicklung von Backöfen und Backhäusern. Geschichte und Entwicklung der Hausbäckerei. Bd. 2, Bielefeld 1959.
Meise, Karl: Die heiligen drei Könige und ihr Festtag im volkstümlichen Glauben und Brauch. Köln 1949.
– Nikolauskult und Nikolausbrauch im Abendlande. Eine kultgeographisch-volkskundliche Untersuchung. Düsseldorf 1931.
Mössinger, F.: Seltene Gebildbrote. In: Hess. Blätter f. Volkskunde 45, 1954, S. 34–62.
Moser, Hans: Archivalische Belege zur Geschichte altbayrischer Festbräuche im 16. Jahrhundert. In: Staat und Volkstum. Neue Studien zur bairischen und deutschen Geschichte und Volkskunde, Karl Alexander von Müller als Festgabe. Diessen 1933, S. 167–189.
– Osterei und Ostergebäck. Brauchgeschichtliches aus bayerischen Quellen. In: Bayer. Jahrb. f. Volkskunde. 1957, S. 67–89.
Müller, O. A.: Hohwölfle. In: Oberdeutsche Zs. f. Volkskunde 3, 1929, S. 16–39.
Müller-Lausen, G.: Das Brot im Baselbieter Volksleben. In: Schweizer Archiv f. Volkskunde 37, 1939, S. 1–24.
Panzer, Friedrich: Bayerische Sagen und Bräuche. Beitrag zur deutschen Mythologie. 2 Bde., München 1848 und 1855. Neuausg. Göttingen 1954.
Raff, Helene: Alt-Münchner Festgebäck. In: Zs. d. Vereins f. Volkskunde 11, 1901, S. 84–87.
Reiser, Karl: Sagen, Gebräuche, Sprichwörter des Allgäus. Aus dem Munde des Volkes gesammelt. 2 Bde., Kempten 1894–1902. Nachdr. Hildesheim 1977.
Rochholz, E. L.: Deutscher Glaube und Brauch im Spiegel der heidnischen Vorzeit. 2 Bde., Berlin 1867.
Rosegger, Peter: Das Volksleben in der Steiermark in Charakter und Sittenbildern. Wien 1881.
Sartori, Paul: Sitte und Brauch. 3 Bde., Leipzig 1910–1914.
– Die Speisung der Toten. In: Jahresbericht über das Schuljahr 1902/03 des Gymnasiums in Dortmund. Dortmund 1903.
Schlappinger, Hans: Formen der Brezel im niederbayerischen Kunsthandwerk. In: Heimat und Volkstum München 1938.
Schmeller, Johann Andreas: Bayerisches Wörterbuch. 3. Neudruck der 2. Ausgabe, München 1872–77. 2 Bde., Aalen 1973.
Schmidt, Leopold: Volksnahrung in Österreich. Ein volkskundlicher Überblick. Wien 1947.
Schuh, G.: Tirggel. Ein altes Weihnachtsgebäck. 1941.
Spieß, Karl von: Grundlinien einer Formen- und Gestaltenkunde der Gebildbrote. In: Jahrb. f. hist. Volkskunde3/4, 1934, S. 391–416.
Staub, F.: Das Brot im Spiegel schweizerdeutscher Volkssprache und Sitte. Leipzig 1868.
Stegmann, F. H.: Der Pfefferkuchenbäcker und Lebküchler. 1875.
Stein, E.: Hungrige Speisen, Schriftenreihe des Deutschen Brotmuseums 3, Ulm 1966.

Stolz, J.: Vom Ursprung der Gebildbrote und ihrer früheren Bedeutung. München 1931.
Treuer, R.: Weihnachtsbrot-Backen in Pinzgauer Bauernhöfen. In: Salzburger Museum Carolino Augusteum, Jahresbericht 1956, S. 94–101.
Trommer, H.: Das versteinerte Brot. 1958 (Sagen u. a.).
Tschernikel, E.: Armenseelenbrot. Ein alter Brauch aus Axams und Umgebung. In: Tiroler Heimatblätter 9, 1931, S. 345ff.
Währen, Max: Brot seit Jahrtausenden. Die Brotformen und Bäckerei im Wandel der Zeiten. Bern o. J.
– Der Königskuchen und sein Fest. Ein uralter Brauch in Gegenwart und glanzvoller Vergangenheit. (1958). (Schweizer. Bäck. und Kond. Verb.).
– Lebkuchen einst und jetzt. Bern 1964.
– Unser täglich Brot in der Geschichte und im Volksbrauch. Das Bäckerhandwerk im Wandel der Zeit. Bern 1951.
Wagner, Margarete: Aus alten Backstuben und Offizinen. Esslingen 1961.
Waltinger, M.: Vom Brot. Volkskundliche Skizze aus dem Niederbayrischen. In: Monatsschrift f. d. ostbayerischen Grenzmarken 13, 1924, S. 93–96.
Walzer, A.: Liebeskutsche, Reitersmann, Nikolaus und Kinderbringer. Volkstümlicher Bilderschatz auf Gebäckmodeln, in der Graphik und Keramik. Stuttgart 1963.
– Typen alter Holzmodel für Gebäck und für Teige, die getrocknet werden. In: Der Museumsfreund 3, 1963, S. 17–57.
Webinger, A.: Von Affn und Strauben. In: Oberösterr. Heimatbl. 3, 1949, S. 67–78.
Weitnauer, Alfred: Weihnachtslaible. In: Das schöne Allgäu. 1940, S. 285–288.
Weiser-Aall, L.: Bemerkungen zu den frühesten Zeugnissen über Gebildbrote im Frühmittelalter. In: Oberd. Zs. f. Volkskunde 9, 1935, S. 178–180.
Wenig, R.: Die Laugenbrezelbäckerei. 1937.
Wiegelmann, Günther: Alltags- und Festspeisen. Wandel und gegenwärtige Stellung. Marburg 1967 (Habil. Schr. Bonn 1966).
Wolber, K.: Das Christei oder das Deihen, ein pfälzisches Gebildbrot. In: Oberd. Zs. f. Volkskunde 16, 1942.
Wolfram, R.: Gebildbrote. In: Salzburg-Atlas. Hrsg. v. E. Lendl, 1956, S. 107ff.
Wopfner, H.: Das Brot des Bergbauern. In: Zs. d. deutschen Alpenvereins 70, 1939, S. 113–131.

Stichwortregister

Alphabetisches Ortsverzeichnis

Regionales Verzeichnis

Der regionale Bereich des Buches ist abgesteckt. Hier werden nur namentlich genannte Länder, Regionen und Orte zusammengestellt.

Bildnachweis

Wilfried Bahnmüller, Gelting 17, 27, 30

Deutsches Brotmuseum, Ulm 18, 28, 29, 39, 42, 61, 79, 91

Erika Groth-Schmachtenberger, Murnau 41, 59, 60, 62, 80, 89

H. Hell, Reutlingen 40

Das Foto auf der S. 90 wurde entnommen aus: Rader, Bavaria Sancta, 1615–27, Bd. 2 (Bayer. Staatsbibliothek); das auf der S. 92 aus: Aloys Schreiber, Teutschlands Nationaltrachten, 1820

Die Illustrationen auf den S. 25, 32, 35, 49, 52 stammen aus: F. J. Bronner, Von deutscher Sitt und Art, 1908

Von Friedrich Herrmann, Regensburg, wurden die Zeichnungen auf den S. 15, 35, 48, 68, 70, 76, 78 und 81 angefertigt.